海棠花粉电镜图谱

An Illustrated Electron Microscopic Study of Crabapple Pollen

张往祥 范俊俊 谢寅峰 彭 冶 赵明明 著

科学出版社

北 京

内 容 简 介

本书围绕海棠花粉个体形态特征及性状演化规律、花粉表面纹饰特征及其演化规律，以及花粉发育规律三个维度展开。重点介绍了花粉特征参数的分布函数构建和基于反映花粉表面纹饰规则性的二进制三维数据矩阵（X_i Y_i Z_i）构建，探索海棠花粉性状的遗传演化规律，这对苹果属种的分类地位评价具有一定的参考价值。

全书共收录苹果属 23 个自然种和 84 个品种的花粉电镜图谱，共有 107 个图版，642 张花粉扫描照片，均为作者第一手资料。书中图片清晰、立体感强，十分精美，配有文字描述及多方面的信息表达。

本书可供海棠研究工作者和高等院校相关专业的师生参考。

图书在版编目（CIP）数据

海棠花粉电镜图谱 / 张往祥等著 . —北京：科学出版社，2018.12
ISBN 978-7-03-056269-2

Ⅰ . ①海… Ⅱ . ①张… Ⅲ . ①海棠－花粉－电镜扫描－图谱
Ⅳ . ① S661.4-64

中国版本图书馆 CIP 数据核字（2018）第 006639 号

责任编辑：任加林 / 责任校对：赵丽杰
责任印制：吕春珉 / 封面设计：北京美光制版有限公司

科学出版社 出版
北京东黄城根北街 16 号
邮政编码：100717
http://www.sciencep.com

北京中科印刷有限公司印刷
科学出版社发行　　各地新华书店经销

*

2018 年 12 月第 一 版　　开本：889×1194 1/16
2018 年 12 月第一次印刷　　印张：14 1/2
字数：329 000

定价：200.00 元
（如有印装质量问题，我社负责调换〈中科〉）

销售部电话 010-62136230　编辑部电话 010-6213p281（HA08）

品种中文名索引

A

阿美　073
爱丽　094

B

八棱海棠　058
芭蕾舞　076
白兰地　076
白色瀑布　190
百夫长　082
棒棒糖　127
扁果海棠　052
变叶海棠　064
槟子　040

C

沧江海棠　052
草原海棠　046
重瓣垂丝　109
垂枝麦当娜　190
春之颂　175
春之雪　178
春之韵　178

D

达尔文　088
大卫　088
道格　091
蒂娜　184
滇池海棠　070

F

范艾斯亭　187
粉红公主　136
粉红楼阁　139
丰花　070
丰盛　145
芙蓉　100

G

高原红　142
高原玫瑰　139

H

海棠花　061
豪帕　112
河南海棠　043
褐海棠　043
红巴伦　151
红丽　157
红肉苹果　049
红色冬季　193
红哨兵　154
红衣主教　079
红玉　154
皇家　166
皇家宝石　163
皇家美人　163
黄金甲　097
黄油果　079
灰姑娘　082

火鸟　097
火焰　100

J

金丰收　109
金黄蜂　103
金色冬季　193
金雨滴　103
警卫　106

K

凯尔斯　118
克莱姆　121

L

兰斯洛特　121
朗姆酒　169
雷霆之子　184
李斯特　124
丽格　157
丽江山荆子　058
丽莎　124
龙游露易莎　127
鲁道夫　169
罗宾逊　160
罗格　160

M

马凯米克　130
玛丽波特　130

毛山荆子　046
美果海棠　196
魔术　115

N

内维尔·柯普曼　148

P

苹果　055

Q

乔劳斯基　067
楸子　055

R

日本海棠　040
熔岩　133

S

森林苹果　064
山荆子　037
珊瑚礁　085
时光秀　172
斯普伦格教授　142

T

唐纳德·怀曼　091
天鹅绒柱　187
甜蜜时光　181

土库曼苹果　067

W

完美紫色　136
五月欢歌　133

X

西府海棠　049
希利尔　112
香雪海　172
小甜甜　181
新疆野苹果　061
绚丽　106

Y

亚当斯　073
亚瑟王　118
洋溢　151
印第安之夏　115
云海　085

Z

窄叶海棠　037
珠穆朗玛　094
紫宝石　145
紫王子　148
紫雨滴　166
钻石　175

品种拉丁名索引

M. 'Abundance' 070

M. 'Adams' 073

M. 'Almey' 073

M. angustifolia 037

M. baccata 037

M. 'Ballet' 076

M. 'Brandywine' 076

M. 'Butterball' 079

M. 'Cardinal' 079

M. 'Centurion' 082

M. 'Cinderella' 082

M. 'Cloudsea' 085

M. 'Coralburst' 085

M. 'Darwin' 088

M. 'David' 088

M. 'Dolgo' 091

M. domestica var. binzi 040

M. 'Donald Wyman' 091

M. 'Eleyi' 094

M. 'Everest' 094

M. 'Fairytail Gold' 097

M. 'Firebird' 097

M. 'Flame' 100

M. floribunda 040

M. 'Furong' 100

M. fusca 043

M. 'Golden Hornet' 103

M. 'Golden Raindrop' 103

M. 'Gorgeous' 106

M. 'Guard' 106

M. halliana 'Pink Double' 109

M. 'Harvest Gold' 109

M. 'Hillier' 112

M. honanensis 043

M. 'Hopa' 112

M. 'Indian Magic' 115

M. 'Indian Summer' 115

M. ioensis 046

M. 'Kelsey' 118

M. 'King Arthur' 118

M. 'Klehm's Improved
    Bechtel' 121

M. 'Lancelot' 121

M. 'Lisa' 124

M. 'Liset' 124

M. 'Lollipop' 127

M. 'Louisa Contort' 127

M. 'Makamik' 130

M. mandshurica 046

M. 'Mary Potter' 130

M. 'May's Delight' 133

M. micromalus 049

M. 'Molten Lava' 133

M. neidzwetzkyana 049

M. ombrophila 052

M. 'Perfect Purple' 136

M. 'Pink Princess' 136

M. 'Pink Spires' 139

M. platycarpa 052

M. 'Prairie Rose' 139

M. 'Prairifire' 142

M. 'Professor Sprenger' 142

M. 'Profusion' 145

M. prunifolia 055

M. pumila 055

M. 'Purple Gems' 145

M. 'Purple Prince' 148

M. purpurei 'Neville
    Copeman' 148

M. 'Radiant' 151

M. 'Red Barron' 151

M. 'Red Jade' 154

M. 'Red Sentinel' 154

M. 'Red Splendor' 157

M. 'Regal' 157

M. 'Robinson' 160

M. robusta 058

M. rockii 058

M. 'Roger's Selection' 160

M. 'Royal Beauty' 163

M. 'Royal Gem' 163

M. 'Royal Raindrop' 166

M. 'Royalty' 166

M. 'Rudolph' 169

M. 'Rum' 169

M. 'Show Time' 172

M. sieversii 061

M. 'Snowdrift' 172

M. 'Sparkler' 175

M. spectabilis 061

M. 'Spring Glory' 175

M. 'Spring Sensation' 178

M. 'Spring Snow' 178

M. 'Sugar Tyme' 181

M. 'Sweet Sugar Tyme' 181

M. sylvestris 064

M. 'Thunderchild' 184

M. 'Tina' 184

M. toringoides 064

M. tschonoskii 067

M. turkmenorum 067

M. 'Van Eseltine' 187

M. 'Velvet Pillar' 187

M. 'Weeping Madonna' 190

M. 'White Cascade' 190

M. 'Winter Gold' 193

M. 'Winter Red' 193

M. yunnanensis 070

M. × zumi 'Calocarpa' 196

序 一

　　作为张往祥的硕士和博士研究生导师，我和本书作者亦师亦友。时光荏苒，二十多个春秋弹指一挥间。早在 20 世纪 90 年代，我刚组建了南京林业大学银杏课题组，张往祥作为主要成员独立组织并参与了全国范围内的银杏种质资源的收集与评价工作，奔赴中国银杏主要分布区和栽培区，远涉深山峻岭和乡野阡陌，克服重重困难，收集了银杏种质资源 700 余份，完成了国家林业局和江苏省银杏种质基因库的筹建工作，为银杏种质保存与创新奠定了基础。这一经历直接孕育并启蒙了海棠种质创新与产业化开发的新思路。长期以来，张往祥钟情于产业链联动的研发思路，笃信于长期务实的科研态度，勤勉于笔耕与田间的身体力行，为谱写精彩四季的海棠梦打开了一扇窗口。

　　2003 年起，张往祥等系统开展了海棠种质资源收集、评价、种质创新和产业化开发技术创新研究，逐步组建了观赏海棠科技创新团队，取得了一系列科研成果。历经 14 年，收集、保存了海棠种质资源 200 余份，建立了南京林业大学海棠种质资源圃。2016 年，该基因库被国家林业局评审为国家级海棠种质基因库，这为海棠种质创新提供了更高层次的技术平台。通过区域化引种栽培试验与评价，筛选出优良观赏品种 80 多个，其中 13 个品种通过了江苏省林木良种委员会审定或认定。建立了海棠育种关键共性技术体系，通过 6 批次 96 个杂交组合育种，获得了多目标性状的观赏海棠优良单株 300 余份，申请审定海棠新品种 14 个（已受理），为新品种持续创新提供了大量的候选新品种储备。

　　张往祥等发挥了国家级海棠种质基因库的资源平台优势，创造性地构建了海棠花粉表型性状分布函数和反映花粉纹饰整体规则性的二进制三维数据矩阵模型，揭示了海棠种质花粉演化规律，首次提出"海棠自然种皆具有较高的纹饰规则性，而具有较高纹饰规则性的种质未必皆为自然种"，这一研究结论对苹果属种的分类地位评价具有重要的参考价值，对其他属种可能也具有指导意义。

　　花粉的正常发育是海棠育种的前提条件。然而，由于缺乏海棠种质杂交亲和性等前期技术基础研究，一定程度上自由授粉仍然是现阶段海棠育种的主要途径。为了探索单瓣垂丝海棠花粉败育现象频发的原因，作者开展了花粉发育过程中的解剖学动态观测，发现在小孢子母细胞减数分裂后期及后续阶段，因花药壁绒毡层细胞不能正常退化而导致四分体不能正常离散与解体，引起花粉成熟阶段的营养亏缺，最终导致花粉败育。

　　书中研究材料丰富、系统、代表性强，电镜照片清晰、多维、信息量大，对海棠种质资源的分类和遗传演化提出了独到的思路、方法和理论见解，对其他同类研究也具有重要的参考价值。

科学探索是一个循序渐进的过程，绝非一蹴而就的坦途。因此，只有坚持淡泊名利、不忘初心、砥砺前行和团结协作的思想，方得始终。值此书即将出版之际，对作者表示祝贺和期许，并略陈作者其人其书若干特色与花絮，以飨读者，是为序。

曹福亮

2017 年 12 月

序 二

　　苹果属，包括食用苹果以及它的小个子"近亲"海棠，是世界植物区系中极重要的属之一，从其亚洲起源地的天山山脉——位于中国、吉尔吉斯斯坦、乌兹别克斯坦和哈萨克斯坦境内，到欧洲和美洲都有分布。海棠作为观赏植物被广泛地应用，其果实等也作为果酱和苹果酒的原料。不同苹果属植物的分类和演化关系对育种人员和相关科学家具有重要意义。然而，这些关系还远未确定，苹果属是一个具有很大遗传变异性的"混杂"属。

　　1970年，美国农业部的Roland M. Jefferson引用园艺家Donald Wyman（带有甜香的'唐纳德·怀曼'海棠品种就是以他的名字命名的）的话："海棠非常随意地杂交，正因为如此，如何正确鉴定它们让人们产生了许多争议。人们收集了大量的种子进行种植，并根据采集种子的树木来命名幼苗，但是种子经常长成与亲本性质完全不同的植物（天然杂种）。当这一点变得明确时，就造成了许多混乱。"

　　这就是为何本书对于理解海棠类群的起源和亲缘关系这种令人敬畏而又具有前瞻思维的探索具有如此宝贵的贡献。植物的生殖特征，如花粉，是系统发育关系和分类学中清晰度最清楚和保存最完整的证据。如《海棠花粉电镜图谱》中所述："植物花粉携带了大量遗传信息，其表型性状表达了特异的种属特性，是在长期进化过程中不断演化而形成的，常用于探索植物起源、遗传演化和系统分类研究。"

　　海棠受到重视的原因有很多。在中国，海棠、牡丹、梅花和兰花是备受尊崇的四种春花植物。海棠花芳香袭人，海棠树在中国皇家园林的植物栽植中占有重要的位置。在中国各地无论是自然生长区还是种植区，如在北京植物园、南京林业大学等地，海棠都已成为木本花卉的重要组成部分，海棠栽培也成为不断发展的园艺产业的组成部分。在美国，国际观赏海棠协会设立了国家海棠评估项目，对栽培的海棠进行研究，其中在俄亥俄州立大学赛克瑞斯特植物园（Secrest Arboretum）开展过具有奠基性质的实验。美国各地的植物园里都种植海棠，如在纽约中央公园的温室花园里排列成行的海棠树。海棠被广泛用作食用苹果的授粉树或者砧木，其果实也可制作成果冻、黄油或苹果酒。在苹果经由丝绸之路传入欧洲之前，海棠的种植在欧洲已经进行了好几个世纪。在16世纪末17世纪初，海棠种植已经相当普遍，甚至在莎士比亚的戏剧《仲夏夜之梦》和《暴风雨》中都有相关描写。《暴风雨》是莎士比亚后期的作品之一，其中写道："我请求，让我带你去海棠生长的地方"。而《仲夏夜之梦》是其早期作品之一，其中帕克说道：

　　"有时我化作一颗焙熟的野苹果（注：即海棠果），

躲在老太婆的酒碗里，

等她举起碗想喝的时候，我就啪的弹到她嘴唇上。"①

我们都应当在秋冬时节来一碗由糖、肉豆蔻、麦酒和焙熟的海棠果酿的甜酒。

海棠是小型的苹果，其直径小于等于5cm。2011年，"奋进"号航天飞机甚至把海棠带到了太空。这次任务要将特殊的实验模块暴露在太空中。美国有12所中学赢得了设计这些模块实验的资格。佛罗里达州的一个小组设计的实验是测试苹果种子暴露在太空后还能否发芽。但在最后一刻，美国国家航空航天局（National Aeronautics and Space Administration，NASA）意识到苹果种子太大了，不适合这些模块。他们给国际观赏海棠协会打电话咨询"海棠种子够小吗？"回答是肯定的。于是赛克瑞斯特植物园收集了'草莓果冻'海棠（*M.* 'Strawberry Parfait'）的种子并送往美国国家航空航天局。海棠种子飞至太空，又飞了回来，并且发芽了。

这就把我们带向了海棠更小的组成部分——花粉。花粉（孢粉学）的研究（有时被扩展至包括孢子、硅藻、有机微粒等微观上相关的孢粉形态）有许多用途，并且涉及从古植物学到法医孢粉学等多个学科。花粉分析对于记录和理解气候变化至关重要，因为沼泽和湖泊中的花粉沉积能提供大量生物序列和地质年代学的信息。因此，它在考古学、石油和天然气勘探研究及古生态学研究中都很重要，甚至有研究蜂蜜中花粉序列的蜂蜜孢粉学家。

任何在光学显微镜下观察花粉粒的人都会被带入一个由肉眼无法看到的形状和颜色组成的神奇世界。电子显微镜向人们揭示了更深层次的世界，这里孢子外壁装饰图案和结构的隐秘世界揭示了这些分类群之间的关系，使人们对各个植物类群的花粉有了更深入的了解。本书中对107个海棠类群的研究将有助于所有科学家、自然研究者、演化生物学家和分类学家解开苹果属的关系和进化史之谜。

最后，正如诗人James Russell Lowell所说："书籍像蜜蜂，将鲜活的花粉从一个头脑携至另一个头脑。"又如孔子所言："名不正，则言不顺。"或曰"正确的命名乃智慧之始。"

花粉，其美丽与细节尽现于本书之中，为我们指明了方向。

James A. Chatfield

园艺与作物科学系

植物病理学系

俄亥俄州立大学

2018年10月

---

① ［英］威廉·莎士比亚. 双语译林：仲夏夜之梦［M］. 朱生毫，译. 南京：译林出版社，2014.

Foreword 2

The genus *Malus*, including sweet eating apples and their smaller crabapple cousins, is one of the most important genera in the world's flora, ranging from its Asian origins in the Tian Shan Mountains of China, Kyrgyzstan, Uzbekistan, and Kazakhstan and then to Europe and the Americas. Crabapples are widely used as landscape ornamentals, and for eating and for jams and ciders. The taxonomy and evolutionary relationships of the different *Malus* taxa are of considerable importance for breeders and other scientists. Yet, these relationships are far from settled; *Malus* is a "promiscuous" genus with much genetic variability.

In 1970, Roland Jefferson of the United States Department of Agriculture quoted horticulturist Donald Wyman, (the eponymous inspiration for the sweet-scented 'Donald Wyman' crabapple cultivar):

"Crabapples hybridize very freely, and because of this, much controversy has resulted in their proper identification. Seed has been gathered in large collections, been grown and the seedlings named after the trees from which the seed was collected. All too frequently such seed has produced plants (natural hybrids) with totally different characteristic from the parent plants, and when this has become evident, it has caused much confusion."

This is why this book is such a valuable contribution to the venerable and future-thinking quest for understanding the origins and relationships of crabapple taxa. Reproductive characteristics of plants, such as pollen are the clearest and most preserved evidence of phylogenetic relationships and taxonomic clarity. As noted in *An Illustrated Electron Microscopic Study of Crabapple Pollen* "Plant pollen carries large amounts of genetic information, and the phenotypic traits exhibit species-specific characteristics. These traits are the product of long-term evolutionary processes and are often used to determine the genetic origin and evolution, and also inform taxonomic studies."

Crabapples are valued for many reasons. In China, crabapples are one of the four revered spring flowers, along with peonies, plum blossoms, and orchids. Crabapple trees are anchors at historic palaces, sweet aromas for visitors. At the Beijing Botanic Gardens, the Crabapple Research Laboratory at Nanjing Forestry University, at sports stadium, as part of a growing horticultural industry, and in natural and planted areas around China, crabapples are a key part of the flora.

In the United States, crabapples are studied at the plantings of the National Crabapple Evaluation Program as part of the International Ornamental Crabapple Society, including at their keystone trials at Ohio State University's Secrest Arboretum. Crabapple allees line the Conservatory Garden in New York City's Central Park and collections abound throughout U.S. botanic gardens and arboreta. Crabapples are widely used as pollinators and rootstocks in sweet apple orchards, as foodstuffs for jellies, butters, and ciders.

In Europe, where apples arrived via the Silk Road, crabapple cultivation has proceeded for centuries.

They were common enough by the late 1500s and early 1600s that Shakespeare included them in plays such as *A Midsummer Night's Dream* and *The Tempest.* "I prithee, let me bring thee where the crabs grow" in *The Tempest* was one of Shakespeare's last plays, and *A Midsummer Night's Dream* was one of his first works, with Puck speaking these words:

"And sometimes lurk I in a gossip's bowl,

In very likeness of a roasted crab;

And when she drinks, against her lips I bob."

All of us should partake in the fall and winter months of a wassail bowl of sugar, nutmeg, ale, and – roasted crabapples.

As noted, crabapples are small apples, described as less than 2 inches or 5 centimeters in size. In 2011, the Endeavour space shuttle even took crabapples into outer space. Special experimental modules were exposed to space during the mission and twelve middle schools in the U.S. won competitions for designing experiments for these modules. One Florida group designed an experiment to test if apple seeds would germinate after space exposure. At the last minute, NASA recognized that apple seeds were too large for the modules.

A call came to the International Ornamental Crabapple Society. Are crabapple seeds small enough? They were, and *Malus* 'Strawberry Parfait' seeds were collected at Secrest Arboretum and sent to NASA. Crabapple seeds went into space, returned – and germinated, which brings us to an even tinier component of crabapples - pollen. The study of pollen (palynology), sometimes broadened to include microscopic associated palynomorphs such as spores, diatoms, particulate organic matter, et al, has many uses and involves many disciplines, from paleobotany to forensic palynology.

Pollen analysis is important for documenting and understanding climate change as pollen deposits in bogs and in lakes, telling us much of biologic sequencing and geochronology. It is thus important in archaeology, in oil and gas exploration studies, in paleoecology; there are even melissopalynologists who study the pollen sequencing in honey.

Anyone who has ever observed pollen grains under light microscopes is introduced to the wonder of hidden worlds, of shapes and colors invisible to the naked eye. The next layered world is revealed with electron microscopy, where the hidden worlds of exine ornamentation patterns and structure lead to a deeper understanding of the pollen of individual plant taxa, revealing the relationships between these taxa. This study of 107 crabapple taxa helps all scientists, studiers of nature, evolutionary biologists and taxonomists unravel the connections and evolutionary history of *Malus*.

To close, from the poet James Russell Lowell: "Books are the bees which carry the quickening pollen from one to another mind."

And most to the point, from Kongzi: "If names be not correct, language is not in accordance with the truth of things." This is sometimes paraphrased as: "The beginning of wisdom is to call things by their proper name".

Pollen, in all its beauty and detail revealed here, helps show us the way.

James A. Chatfield

Associate Professor, Department of

Horticulture and Crop Science

Department of Plant Pathology, Ohio

State University, Columbus, OH, USA

October,2018

序 三

　　观赏海棠分布广泛，资源丰富，品种繁多，谱系复杂。早在 20 世纪 60 年代，美国学者 Roland M. Jefferson 就记载了美国野生及栽培海棠品种 375 个。1990 年美国佐治亚大学园艺系 Michael A. Dirr 教授在他的《木本景观植物手册》一书中，记载了美国栽培海棠品种 211 个。1996 年英国《园林植物百科全书》推荐观赏价值较高的海棠品种 76 个。因此，采用单一宏观植物形态学特征来研究不同品种间的演化关系和进行谱系溯源显得力不从心，甚至根本无法进行。

　　南京林业大学林学院张往祥博士率领的观赏海棠研究团队，依托国家级海棠种质基因库这一重要平台，历经十五年，广泛收集了国内外野生和栽培海棠种质资源 400 余份，从中筛选出了具有重要观赏价值的品种 80 余个，其中 13 个品种已经通过了江苏省林木良种审定委员会的审定或认定。种质资源圃繁育面积超过 1000 亩*，不少品种已在江苏、安徽、山东、河南、福建等省推广应用，受到商家的一致好评。

　　《海棠花粉电镜图谱》一书基于海棠种质基因库内收集的 23 个自然种和 84 个品种的花粉，进行了电镜扫描并拍照。联系经典分类学相关研究成果，分析了种间花粉表型性状的演化关系，以及海棠野生种和品种间的花粉性状演化趋势。

　　本书是首次采用扫描电镜技术对观赏海棠野生种和品种的花粉形态进行全面系统的研究，研究共涉及 107 份海棠种质资源，创造性地构建了观赏海棠花粉表型性状分布函数和反映花粉纹饰整体规则性的二进制三维数据矩阵模型，用以揭示观赏海棠花粉形态的演化规律，首次提出了"海棠自然种皆具有较高的纹饰规则性，而具有较高纹饰规则性的种质未必皆为自然种"的观点。这一科学论断，对于确定观赏海棠种与品种的分类地位具有重要的参考价值。

　　苹果属植物多为二倍体，染色体基数为 $x=17$，$2n=2x=34$。二倍体有利于观赏海棠的杂交育种，选择正常单倍花粉与染色体未经减数的胚珠杂交，产生的植株多为正常的二倍体。此外，三倍体、四倍体等多倍体海棠也较常见。因此，观赏海棠花粉研究对于多倍体育种、传粉生物学乃至生殖生态学也具有重要意义。

　　本人作为一名观赏海棠爱好者和研究者，曾先后指导 8 名博士研究生从事苹果属经典分类学、苹果属植物谱系地理学、观赏海棠（垂丝海棠）品种分类、观赏海棠花文化、观赏海棠园林应用等基础性研究工作，深知这一研究领域的艰辛与不易，希冀于长江后浪推前浪与继往开来。张往祥博

---

① 　1 亩≈666.7m²

士长期耕耘在这一领域，研究视野广阔，研究方法先进独到，研究成果丰硕。难能可贵的是，他将自己的研究成果付诸应用，实现了产学研一体化，在多个省份形成了观赏海棠产业化示范集群。作为他从前的老师，有幸先睹本书文稿及精美清晰的电镜照片，对此深感欣慰。这是迄今为止我国学者对观赏海棠野生种及栽培品种的花粉进行的最全面、最系统的研究，既基于经典，又勇于创新。首次将二进制三维数据矩阵模型应用于孢粉学研究，是为研究方法之创新。书中旁征博引，图文并茂，创新方法与科学内容交相辉映，数据翔实，结论科学独到，相信无论是植物孢粉学研究专业人员，还是大众读者均能够开卷有益，感斯于怀。

　　有感于此，是为序。

汤庚国

2017 年 12 月

前 言

　　海棠是蔷薇科苹果属中果径较小的一类植物的总称，具有重要的观赏价值，文化底蕴深厚，环境适应性强，应用范围广。海棠、牡丹、梅花、兰花被称为"春花四绝"，分别享有国艳、国花、国魂、国香的美誉。海棠不仅花色艳丽多彩（紫色、红色、粉色和白色）而富有神韵，而且许多品种的果实也极富观赏性（紫色、红色、粉色、橙色、黄色和绿色），秋冬季节彩果点点盈枝头，长达数月而不凋，令人陶醉而流连忘返，时常吸引各种鸟类喧闹觅食，好一番久违的天地和谐共生景象。

　　中国是海棠的起源中心，地理分布广泛，品种资源丰富，具有 2000 多年的栽培利用历史。然而，广泛应用的观赏海棠品种主要局限在垂丝海棠、西府海棠、湖北海棠等少数几种海棠，许多珍贵海棠种质资源未得到充分的开发和利用。欧美国家原产的海棠种类较少。1780 年以前，中国的海棠传入北美，18 世纪传到欧洲，皆备受重视。通过引种、选择育种、杂交育种等手段培育出众多新优观叶、观果、观花、观型海棠品种，数量达数百种之多，在北美、欧洲等地区得到广泛应用的品种多达数十种。然而，海棠种质呈现出复杂的多样性，种下变种及品种日益增多，多数品种来源于选择育种或偶然发现，遗传背景和亲缘关系尚不清楚。

　　植物花粉携带了大量遗传信息，其表型性状表达了特异的种属特性，是在长期进化过程中不断演化而形成的，常用于探索植物起源、遗传演化和系统分类研究。经典花粉学研究主要是基于花粉个体、表面纹饰和萌发器官三个方面，其中尤以花粉纹饰特征最为复杂，其研究手段主要是基于描述性，通常难以直接定量。本书主要内容源于南京林业大学海棠课题组的最新研究成果，围绕海棠花粉个体形态特征及其演化规律，花粉表面纹饰特征及其演化规律和花粉发育规律的解剖学观测三个维度展开叙述。本书第一章概述了海棠花粉性状的基本特征。第二章采用了花粉特征参数的区间分布函数构建的方法，较好地揭示了海棠花粉的遗传演化规律。第三章基于花粉纹饰排列规律特征，提取了三个关键变量（花粉表面条纹排列规则性的有与无，X_i；规则排列范围的大与小，Y_i；排列方式的多与寡，Z_i），构建了二进制三维数据矩阵（$X_i\ Y_i\ Z_i$），并结合位权赋值方法，将该矩阵数据转换成十进制数据，用以评价花粉纹饰的规则化程度，实现了定性分析与定量分析的统一，较好地揭示了海棠种质花粉纹饰规则性的演化规律，研究结果对苹果属种的分类地位评价也具有一定的参考价值。第四章以垂丝海棠为例，从解剖学角度观测了花粉发育规律，明确了其花粉败育阶段，揭示了其败育原因。第五章介绍了海棠花粉的电镜图谱。

　　在经典分类系统中记载的苹果属自然种达 36 个，组系划分基本一致。本书仅涉及 107 份海棠种质（包括 23 个自然种和 84 个品种），尽管具备一定的代表性，但样本量仍有待进一步扩大。我们将充分发挥南京林业大学国家级海棠种质基因库平台建设优势，继续进行更多海棠种质的电镜补充测定，以便更加系统、全面地开展海棠花粉的演化规律研究，为海棠种质分类、DUS 测试等提供理论依据。

在本书的撰写过程中，得到了各界领导和同仁的大力支持和帮助。感谢曹福亮院士多年来的培养与鼓励，并在百忙之中为本书作序。非常感谢国际海棠协会主席 James 为我们在美国进行海棠资源调查期间提供的指导与帮助，并为本书作序。汤庚国教授作为海棠课题组的创始人和顾问，长期关心海棠课题组的研究工作，并为本书审稿作序。感谢国家林业和草原局、江苏省林业局、扬州市林业生产技术指导站、江都区林业管理站等主管部门，为国家海棠种质基因库的建立给予了大力支持。感谢青岛农科院沙广利教授为海棠电镜图谱的拍摄提供了部分花粉材料。古庙南方现代林业协同创新中心、江苏高校品牌专业（林学）以及江苏省林学优势学科为本书出版提供了资金支持。南京林业大学徐柏森教授为本书的编写提出了很好的建议，姜文龙、时可心、范千玉、周婷等研究生也为花粉电镜图谱的整理付出了辛勤劳动，在此一并表示感谢。

由于笔者水平有限，书中难免有不足之处，敬请读者批评指正。

张往祥

2017 年 10 月

目 录

第一章　观赏海棠花粉形态特征 ··· 001

1.1 海棠花粉形态研究意义 ·· 001

1.2 海棠花粉表型性状观测方法 ·· 001

1.3 观赏海棠花粉形态特征 ·· 002

1.4 海棠花粉表型性状分析 ·· 002

　　1.4.1 花粉表型性状稳定性分析 ·· 002

　　1.4.2 花粉表型性状群体内变异度分析 ··· 003

1.5 本章小结 ·· 003

第二章　观赏海棠花粉性状演化规律 ·· 005

2.1 植物花粉性状演化的研究背景 ··· 005

2.2 海棠花粉表型性状演化的研究方法 ·· 005

　　2.2.1 苹果属种与种之间的花粉演化关系分析 ··· 005

　　2.2.2 苹果属种与品种之间的花粉演化分析方法 ·· 006

2.3 海棠花粉表型性状演化规律 ·· 007

　　2.3.1 基于经典分类和分子发育树的苹果属种的花粉表型性状演化关系 ····················· 007

　　2.3.2 基于箱线图分析的海棠自然种和品种两个群体花粉表型性状演化趋势 ················ 009

　　2.3.3 基于频率分布特征的海棠自然种和品种两个群体的花粉表型性状演化趋势 ············ 011

2.4 本章小结 ·· 013

第三章　观赏海棠花粉纹饰演化规律 ·· 015

3.1 植物花粉纹饰演化的研究背景 ··· 015

3.2 海棠花粉纹饰演化规律的量化分析方法 ·· 015

3.3 观赏海棠花粉纹饰演化规律 ·· 016

　　3.3.1 海棠种质花粉纹饰条纹规则类型的分布特征 ·· 016

3.3.2 由种到品种群体的花粉纹饰规则演化规律 ···················· 017

3.3.3 海棠亲子代两个群体花粉纹饰规则性的演化规律 ·················· 019

3.4 本章小结 ··· 020

第四章 垂丝海棠花粉发育过程的超微观测 ································· 023

4.1 垂丝海棠花粉发育研究背景 ······································ 023

4.2 垂丝海棠混合芽形态发育观测 ···································· 023

4.3 垂丝海棠花粉发育的超微结构观测 ······························ 025

4.3.1 花药初级分化阶段 ·· 026

4.3.2 造孢细胞期 ·· 027

4.3.3 小孢子母细胞形成期 ·· 027

4.3.4 减数分裂期 ·· 027

4.3.5 单核小孢子期 ·· 027

4.3.6 花粉成熟期 ·· 028

4.4 花药壁发育的超微结构观测 ······································ 029

4.4.1 造孢细胞期 ·· 029

4.4.2 小孢子母细胞形成期 ·· 029

4.4.3 减数分裂期 ·· 029

4.4.4 花粉成熟期 ·· 031

4.5 单瓣垂丝海棠花粉败育的解剖学原因 ····························· 032

4.6 本章小结 ··· 034

第五章 观赏海棠花粉电镜图谱 ·· 037

1 窄叶海棠 (*M. angustifolia*) ·· 037

2 山荆子 (*M. baccata*) ·· 037

3 槟子 (*M. domestica* var. *binzi*) ·································· 040

4 日本海棠 (*M. floribunda*) ··· 040

5 褐海棠 (*M. fusca*) ·· 043

6 河南海棠 (*M. honanensis*) ·· 043

7 草原海棠 (*M. ioensis*) ·· 046

8 毛山荆子 (*M. mandshurica*) ······································ 046

9 西府海棠 (*M. micromalus*) ·· 049

10 红肉苹果 (*M. neidzwetzkyana*) ··································· 049

11 沧江海棠 (*M. ombrophila*) ·· 052

12　扁果海棠 (*M. platycarpa*)⋯⋯⋯⋯⋯⋯⋯⋯⋯⋯⋯⋯⋯⋯⋯⋯⋯⋯⋯⋯⋯⋯⋯⋯⋯052

13　楸子 (*M. prunifolia*)⋯⋯⋯⋯⋯⋯⋯⋯⋯⋯⋯⋯⋯⋯⋯⋯⋯⋯⋯⋯⋯⋯⋯⋯⋯⋯⋯055

14　苹果 (*M. pumila*)⋯⋯⋯⋯⋯⋯⋯⋯⋯⋯⋯⋯⋯⋯⋯⋯⋯⋯⋯⋯⋯⋯⋯⋯⋯⋯⋯⋯055

15　八棱海棠 (*M. robusta*)⋯⋯⋯⋯⋯⋯⋯⋯⋯⋯⋯⋯⋯⋯⋯⋯⋯⋯⋯⋯⋯⋯⋯⋯⋯⋯058

16　丽江山荆子 (*M. rockii*)⋯⋯⋯⋯⋯⋯⋯⋯⋯⋯⋯⋯⋯⋯⋯⋯⋯⋯⋯⋯⋯⋯⋯⋯⋯058

17　新疆野苹果 (*M. sieversii*)⋯⋯⋯⋯⋯⋯⋯⋯⋯⋯⋯⋯⋯⋯⋯⋯⋯⋯⋯⋯⋯⋯⋯⋯061

18　海棠花 (*M. spectabilis*)⋯⋯⋯⋯⋯⋯⋯⋯⋯⋯⋯⋯⋯⋯⋯⋯⋯⋯⋯⋯⋯⋯⋯⋯⋯061

19　森林苹果 (*M. sylvestris*)⋯⋯⋯⋯⋯⋯⋯⋯⋯⋯⋯⋯⋯⋯⋯⋯⋯⋯⋯⋯⋯⋯⋯⋯064

20　变叶海棠 (*M. toringoides*)⋯⋯⋯⋯⋯⋯⋯⋯⋯⋯⋯⋯⋯⋯⋯⋯⋯⋯⋯⋯⋯⋯⋯064

21　乔劳斯基 (*M. tschonoskii*)⋯⋯⋯⋯⋯⋯⋯⋯⋯⋯⋯⋯⋯⋯⋯⋯⋯⋯⋯⋯⋯⋯⋯067

22　土库曼苹果 (*M. turkmenorum*)⋯⋯⋯⋯⋯⋯⋯⋯⋯⋯⋯⋯⋯⋯⋯⋯⋯⋯⋯⋯⋯067

23　滇池海棠 (*M. yunnanensis*)⋯⋯⋯⋯⋯⋯⋯⋯⋯⋯⋯⋯⋯⋯⋯⋯⋯⋯⋯⋯⋯⋯070

24　丰花 (*M.* 'Abundance')⋯⋯⋯⋯⋯⋯⋯⋯⋯⋯⋯⋯⋯⋯⋯⋯⋯⋯⋯⋯⋯⋯⋯⋯⋯070

25　亚当斯 (*M.* 'Adams')⋯⋯⋯⋯⋯⋯⋯⋯⋯⋯⋯⋯⋯⋯⋯⋯⋯⋯⋯⋯⋯⋯⋯⋯⋯073

26　阿美 (*M.* 'Almey')⋯⋯⋯⋯⋯⋯⋯⋯⋯⋯⋯⋯⋯⋯⋯⋯⋯⋯⋯⋯⋯⋯⋯⋯⋯⋯073

27　芭蕾舞 (*M.* 'Ballet')⋯⋯⋯⋯⋯⋯⋯⋯⋯⋯⋯⋯⋯⋯⋯⋯⋯⋯⋯⋯⋯⋯⋯⋯⋯076

28　白兰地 (*M.* 'Brandywine')⋯⋯⋯⋯⋯⋯⋯⋯⋯⋯⋯⋯⋯⋯⋯⋯⋯⋯⋯⋯⋯⋯⋯076

29　黄油果 (*M.* 'Butterball')⋯⋯⋯⋯⋯⋯⋯⋯⋯⋯⋯⋯⋯⋯⋯⋯⋯⋯⋯⋯⋯⋯⋯⋯079

30　红衣主教 (*M.* 'Cardinal')⋯⋯⋯⋯⋯⋯⋯⋯⋯⋯⋯⋯⋯⋯⋯⋯⋯⋯⋯⋯⋯⋯⋯079

31　百夫长 (*M.* 'Centurion')⋯⋯⋯⋯⋯⋯⋯⋯⋯⋯⋯⋯⋯⋯⋯⋯⋯⋯⋯⋯⋯⋯⋯082

32　灰姑娘 (*M.* 'Cinderella')⋯⋯⋯⋯⋯⋯⋯⋯⋯⋯⋯⋯⋯⋯⋯⋯⋯⋯⋯⋯⋯⋯⋯082

33　云海 (*M.* 'Cloudsea')⋯⋯⋯⋯⋯⋯⋯⋯⋯⋯⋯⋯⋯⋯⋯⋯⋯⋯⋯⋯⋯⋯⋯⋯⋯085

34　珊瑚礁 (*M.* 'Coralburst')⋯⋯⋯⋯⋯⋯⋯⋯⋯⋯⋯⋯⋯⋯⋯⋯⋯⋯⋯⋯⋯⋯⋯085

35　达尔文 (*M.* 'Darwin')⋯⋯⋯⋯⋯⋯⋯⋯⋯⋯⋯⋯⋯⋯⋯⋯⋯⋯⋯⋯⋯⋯⋯⋯088

36　大卫 (*M.* 'David')⋯⋯⋯⋯⋯⋯⋯⋯⋯⋯⋯⋯⋯⋯⋯⋯⋯⋯⋯⋯⋯⋯⋯⋯⋯⋯088

37　道格 (*M.* 'Dolgo')⋯⋯⋯⋯⋯⋯⋯⋯⋯⋯⋯⋯⋯⋯⋯⋯⋯⋯⋯⋯⋯⋯⋯⋯⋯⋯091

38　唐纳德·怀曼 (*M.* 'Donald Wyman')⋯⋯⋯⋯⋯⋯⋯⋯⋯⋯⋯⋯⋯⋯⋯⋯⋯⋯⋯091

39　爱丽 (*M.* 'Eleyi')⋯⋯⋯⋯⋯⋯⋯⋯⋯⋯⋯⋯⋯⋯⋯⋯⋯⋯⋯⋯⋯⋯⋯⋯⋯⋯094

40　珠穆朗玛 (*M.* 'Everest')⋯⋯⋯⋯⋯⋯⋯⋯⋯⋯⋯⋯⋯⋯⋯⋯⋯⋯⋯⋯⋯⋯⋯⋯094

41　黄金甲 (*M.* 'Fairytail Gold')⋯⋯⋯⋯⋯⋯⋯⋯⋯⋯⋯⋯⋯⋯⋯⋯⋯⋯⋯⋯⋯⋯097

42　火鸟 (*M.* 'Firebird')⋯⋯⋯⋯⋯⋯⋯⋯⋯⋯⋯⋯⋯⋯⋯⋯⋯⋯⋯⋯⋯⋯⋯⋯⋯097

43　火焰 (*M.* 'Flame')⋯⋯⋯⋯⋯⋯⋯⋯⋯⋯⋯⋯⋯⋯⋯⋯⋯⋯⋯⋯⋯⋯⋯⋯⋯⋯100

44 芙蓉 (*M.* 'Furong') ·· 100

45 金黄蜂 (*M.* 'Golden Hornet') ··· 103

46 金雨滴 (*M.* 'Golden Raindrop') ·· 103

47 绚丽 (*M.* 'Gorgeous') ··· 106

48 警卫（*M.* 'Guard') ·· 106

49 重瓣垂丝 (*M. halliana* 'Pink Double') ································· 109

50 金丰收 (*M.* 'Harvest Gold') ·· 109

51 希利尔 (*M.* 'Hillier') ··· 122

52 豪帕 (*M.* 'Hopa') ·· 122

53 魔术 (*M.* 'Indian Magic') ··· 115

54 印第安之夏 (*M.* 'Indian Summer') ······································ 115

55 凯尔斯 (*M.* 'Kelsey') ··· 118

56 亚瑟王 (*M.* 'King Arthur') ··· 118

57 克莱姆 (*M.* 'Klehm's Improved Bechtel') ····························· 121

58 兰斯洛特 (*M.* 'Lancelot') ··· 121

59 丽莎 (*M.* 'Lisa') ··· 124

60 李斯特 (*M.* 'Liset') ··· 124

61 棒棒糖 (*M.* 'Lollipop') ·· 127

62 龙游露易莎 (*M.* 'Louisa Contort') ······································ 127

63 马凯米克 (*M.* 'Makamik') ·· 130

64 玛丽波特 (*M.* 'Mary Potter') ·· 130

65 五月欢歌 (*M.* 'May's Delight') ··· 133

66 熔岩 (*M.* 'Molten Lava') ·· 133

67 完美紫色 (*M.* 'Perfect Purple') ··· 136

68 粉红公主 (*M.* 'Pink Princess') ·· 136

69 粉红楼阁 (*M.* 'Pink Spires') ··· 139

70 高原玫瑰 (*M.* 'Prairie Rose') ·· 139

71 高原红 (*M.* 'Prairifire') ·· 142

72 斯普伦格教授 (*M.* 'Professor Sprenger') ······························ 142

73 丰盛 (*M.* 'Profusion') ··· 145

74 紫宝石 (*M.* 'Purple Gems') ·· 145

75 紫王子 (*M.* 'Purple Prince') ··· 148

76 内维尔·柯普曼 (*M. purpurei* 'Neville Copeman') 148

77 洋溢 (*M.* 'Radiant') 151

78 红巴伦 (*M.* 'Red Barron') 151

79 红玉 (*M.* 'Red Jade') 154

80 红哨兵 (*M.* 'Red Sentinel') 154

81 红丽 (*M.* 'Red Splendor') 157

82 丽格 (*M.* 'Regal') 157

83 罗宾逊 (*M.* 'Robinson') 160

84 罗格 (*M.* 'Roger′s Selection') 160

85 皇家美人 (*M.* 'Royal Beauty') 163

86 皇家宝石 (*M.* 'Royal Gem') 163

87 紫雨滴 (*M.* 'Royal Raindrop') 166

88 皇家 (*M.* 'Royalty') 166

89 鲁道夫 (*M.* 'Rudolph') 169

90 朗姆酒 (*M.* 'Rum') 169

91 时光秀 (*M.* 'Show Time') 172

92 香雪海 (*M.* 'Snowdrift') 172

93 钻石 (*M.* 'Sparkler') 175

94 春之颂 (*M.* 'Spring Glory') 175

95 春之韵 (*M.* 'Spring Sensation') 178

96 春之雪 (*M.* 'Spring Snow') 178

97 甜蜜时光 (*M.* 'Sugar Tyme') 181

98 小甜甜 (*M.* 'Sweet Sugar Tyme') 181

99 雷霆之子 (*M.* 'Thunderchild') 184

100 蒂娜 (*M.* 'Tina') 184

101 范艾斯亭 (*M.* 'Van Eseltine') 187

102 天鹅绒柱 (*M.* 'Velvet Pillar') 187

103 垂枝麦当娜 (*M.* 'Weeping Madonna') 190

104 白色瀑布 (*M.* 'White Cascade') 190

105 金色冬季 (*M.* 'Winter Gold') 193

106 红色冬季 (*M.* 'Winter Red') 193

107 美果海棠 (*M. × zumi* 'Calocarpa') 196

参考文献··· 198

附录··· 201

    附表 1 供试 107 个观赏海棠种质花粉表型性状特征····························· 201

    附表 2 供试 131 份观赏海棠种质名称··· 206

    附表 3 观赏海棠品种亲本溯源及其纹饰类型······································· 207

    附表 4 垂丝海棠花粉发育术语缩略词·· 210

品种中文名索引··· 211

品种拉丁名索引··· 212

第一章

观赏海棠花粉形态特征

 1.1 海棠花粉形态研究意义

　　海棠是蔷薇科（Rosaceae）苹果属（*Malus*）中果实直径较小（≤5cm）的一类植物的总称，其花、果、叶、型均具有重要的观赏价值，园林应用十分广泛。海棠种质资源丰富，在经典分类系统中记载的自然种达30余个，组系划分整体一致（俞德浚，1974；李育农，2001；Rehder，1940）。历经200多年育种积累，观赏海棠品种达数百种（Guo，2002）。多数品种来源于选择育种或偶然发现，遗传背景和亲缘关系不清（Joneghani，2008）。

　　植物花粉形态独特、结构复杂，性状特征受基因控制，具有极强的遗传保守性，同时在长期进化过程中又不断演化（Katifori et al.，2010），因而成为探索植物起源、亲缘关系、遗传演化及系统分类等研究的重要依据（Sarwar et al.，2012；Qaiser et al.，2015）。然而，目前有关海棠花粉形态特征的系统性研究较少，鲜见基于大规模样本花粉的表型量化特征资料。因此，我们通过扫描电镜对100多份观赏海棠种质花粉的形态特性进行了定性和定量观测与分析，为海棠亲缘关系、遗传演化及系统分类等研究提供依据。

 1.2 海棠花粉表型性状观测方法

　　海棠花粉材料取自南京林业大学国家海棠种质资源库，共107个海棠种质，包括23个自然种，84个品种（附表1）。花粉采集期为大蕾期，树龄5~8 a。采用场发射扫描电镜（HITACHI S-4800）进行花粉性状观测。利用离子溅射仪（HITACHI E-1010）对花粉作喷金处理（喷金电流16 mA，时间120 s，样品座温度为常温，加速电压15 kV）。各海棠种质分别随机选取30粒花粉进行拍照，采用Photoshop CS6图像分析软件进行花粉大小、形态、纹饰等表型性状的测定。花粉大小指标包括：极轴长度（polar axis length，P）、赤道轴长度（equator diameter，E_0）、赤道轴与极面1/2处赤道面直径（equatorial diameter at 1/4 of the polar axis，$E_{1/2}$）以及花粉相对大小（$P \times E_0$）。花粉形态

指标包括：极轴长度与赤道轴长度比值（P/E_0）、极轴长度与极面 1/2 处赤道面直径比值（$P/E_{1/2}$）及极面 1/2 处赤道面直径与赤道轴长度比值（$E_{1/2}/E_0$）。花粉纹饰指标包括：条脊宽（ridge width，RW）、条脊距（furrow width，FW）和穿孔密度（perforation density，PD）。

1.3 观赏海棠花粉形态特征

扫描电镜结果表明，观赏海棠种质花粉均为两侧对称型，赤道面为超长球形、长球形或近矩形，极面观为三裂圆形。赤道面具 3 孔沟，沿极轴方向延伸至两极，不相交。花粉外壁多为条纹状纹饰，少部分为光滑或皱波状纹饰。外壁多具穿孔，穿孔密度在种质间差异显著。按照 1969 年 Erdtman 提出的 NPC（N，萌发器官的数目，aperture number；P，位置，position；C，特征，character）分类系统，海棠花粉属于 $N_3P_4C_5$ 型，即 3 个萌发器官、环状孔沟式类型。

在花粉大小方面，海棠花粉 P 值范围为 29.44～52.35 μm，其中河南海棠最小，'白兰地'海棠最大；E_0 值范围为 20.95～29.64 μm，其中'范艾斯亭'海棠最小，'粉红公主'海棠最大；$E_{1/2}$ 值范围为 18.02～23.51 μm，其中'范艾斯亭'海棠最小，'玛丽波特'海棠最大；反映花粉相对大小的 $P×E_0$ 范围为 714.48～1412.80 μm²，其中河南海棠最小，'白兰地'海棠最大。

在花粉形态方面，P/E_0 范围为 1.22～2.21，其中河南海棠最小，'芙蓉'海棠最大；$P/E_{1/2}$ 范围为 1.60～2.56，其中河南海棠最小，'高原玫瑰'海棠最大；$E_{1/2}/E_0$ 范围为 0.76～0.88，其中河南海棠最小，'丽莎'海棠最大。

在花粉纹饰特征方面，除'丽格'海棠花粉外壁光滑外，其他 106 个种质均为条纹状纹饰。条脊宽的范围为 0.13～0.25 μm，其中'重瓣垂丝'海棠最小，'金黄蜂'海棠最大；条脊距的范围为 0.04～0.28 μm，其中海棠花最小，'蒂娜'海棠最大；就穿孔而言，在 107 个海棠种质中，34 个种质无穿孔（占比 31.8%），73 个海棠种质有穿孔，穿孔密度范围为 0.22～11.18 个 /μm²，毛山荆子最小，'范艾斯亭'最大。

1.4 海棠花粉表型性状分析

1.4.1 花粉表型性状稳定性分析

图 1-1 为各花粉表型性状指标的变异系数。从图 1-1 可以看出，花粉性状变异程度由小到大顺序依次为 $E_{1/2}/E_0$、$E_{1/2}$、E_0、$P/E_{1/2}$、P/E_0、P、$P×E_1$、RW、FW、PD。其中，花粉在赤道轴方向的变异（E_0、$E_{1/2}$）小于极轴（P）；花粉大小和形态的变异系数（<15%）小于外壁特征的变异系数（>15%），花粉穿孔密度的变异系数较大（68.9%）。这表明花粉形态和大小具有更高的稳定性，尤其是在赤道轴方向，而花粉的穿孔密度的稳定性不高。

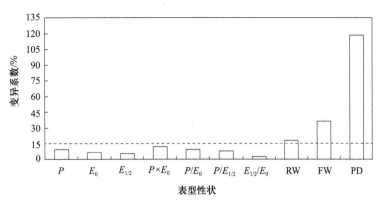

图 1-1　海棠花粉表型性状的变异系数

1.4.2　花粉表型性状群体内变异度分析

图 1-2 为海棠自然种和品种两个群体花粉表型性状的变异系数。从图 1-2 可以看出，在花粉大小方面，海棠种群体和品种群体内花粉极轴方向的变异均大于赤道轴方向的变异，外壁纹饰特征的变异系数（＞15%）均大于大小和形态的变异系数（＜15%）。种群体与品种群体各指标变异系数之间差异较小。

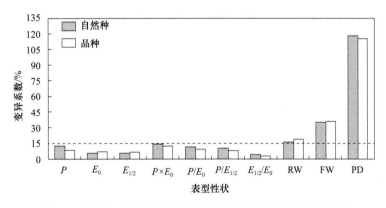

图 1-2　海棠自然种和品种两个群体花粉表型性状的变异系数

1.5　本章小结

观赏海棠种质花粉形态属于 $N_3P_4C_5$ 类型，皆为长球形或超长球形，具有等极、三孔沟、左右对称的共同特性，侧面观为长椭圆形或近矩形，极面观为三角形，外壁纹饰类型以条纹状纹饰为主，多具穿孔。花粉在形态和大小特征方面具有较强的保守性（变异系数小于15%），尤其在赤道轴方向更为稳定（变异系数小于7%），而外壁纹饰特征较不稳定，尤其是穿孔密度极不稳定（变异系数为68.9%）。种与品种两个群体花粉在形态、大小和外壁特征方面的稳定性表现一致。

第二章

观赏海棠花粉性状演化规律

2.1 植物花粉性状演化的研究背景

植物花粉携带了大量遗传信息，其表型性状表达了特异的种属特性，是在长期进化过程中不断演化而形成的（Katifori et al.，2010），常用于探索植物起源、遗传演化及系统分类研究（Sarwar et al.，2010；Sarwar et al.，2012；Qaiser et al.，2015）。植物的进化可以概括为宏观进化和微观进化两个尺度。属内（种、品种间）进化可视为微观进化，反映了小尺度植物分类群短期内的进化过程；而属间及以上（科间、属间等）的进化可视为宏观进化，反映了大尺度植物分类群在漫长的地质年代中的起源和系统发育过程（Reznick，2009）。尽管关于宏观进化和微观进化之间的关系存在争议（Member et al.，2009），但多数研究认为，它们是受到同样的进化过程支配，一定程度上，微观进化过程有助于理解宏观进化现象（徐炳生，1991；Dietrich，2009）。有的研究采用活体或腊叶标本花粉，基于形态或分子的系统发育学分析，开展了属下分类群之间的花粉形态微观演化的研究（陈薇薇等，2007；Welsh et al.，2010；Akhila et al.，2015），但这些研究主要通过比较类平均值的方法，进行演化关系分析，有时会掩盖一些属以下分类群之间的演化关系（杨晓红，1986；Xie et al.，2012）。因此，分析方法的改进与创新对探索花粉表型性状的演化规律具有重要意义。

2.2 海棠花粉表型性状演化的研究方法

我们基于海棠自然种和品种两个群体花粉的 9 个数量化性状（附表 1），分别开展了苹果属种与种之间以及苹果属种与品种之间的花粉演化规律研究，改进了相应的研究方法。

2.2.1 苹果属种与种之间的花粉演化关系分析

基于苹果属种经典分类演化关系分析（classical taxonomy，CT）、分子进化树（molecular

evolutionary tree，ET）和花粉表型性状聚类图的构建（Pollen clusters，PC），通过三种分类结果之间的相关性分析，比较三者之间的一致性。苹果属种经典分类基于 2001 年李育农等人的观点，将附表 1 中的 23 个种划分为多胜海棠组、花楸苹果组、绿苹果组、山荆子组和苹果组 5 个组（按原始到进化的顺序）。分子进化树构建时，首先从 GenBank（https://www.ncbi.nlm.nih.gov/genbank/）上获取 ITS 序列，并以 *Rosa×alba* 和 *R.×anthina* 作为外类群，用 ClustalW（Higgins et al.，1994）进行对位排列，比较其碱基序列差异，然后采用极大似然法计算各样本序列间的遗传距离，构建系统发育树（MEGA 5.05）（Tamura et al.，2011）。花粉表型性状聚类图基于花粉表型性状参数，采用极大似然法构建。

在进行 CT、ET 和 PC 3 种分类结果的相关性分析时，CT 法按苹果属组由原始到进化的顺序，将 5 个苹果属组分别赋值为 1，2，…，5，各组内种的赋值根据其所在组进行赋值。ET 和 PC 分析按 A→E 顺序，将聚类类群依次赋值为 1，2，…，5。

2.2.2 苹果属种与品种之间的花粉演化分析方法

1. 箱线图分析法

箱线图可显示一组数据的均值（算术平均值）、最大值、最小值、中位数、四分位数等特征值，并大致反映全部数据的分布情况，提供有关数据位置和分散情况的关键信息。图中间是箱本体，为 50% 的观测值区域，上下短横线之间为 90% 的观测值区域，超过箱本体的值为特异值。重点关注的是均值和特异值，均值用于检验品种群体与自然种群体之间的差异及显著性，特异值用于反映品种群体的超亲情况。

2. 频率分布函数分析法

按照 6~7 个区段，进行 9 个花粉表型性状的频率统计，分别拟合各性状的频率分布函数，其中 8 个性状指标（P、E_0、$E_{1/2}$、P/E_0、$P/E_{1/2}$、$E_{1/2}/E_0$、RW 及 FW）符合正态概率分布 $\left[y=A+B\cdot e^{\frac{C(x-\mu)^2}{\sigma^2}}\right]$，穿孔密度符合抛物线概率分布 $[y=a(x-b)^2+c]$。

1）基于概率分布函数的特征值，计算两个群体之间的偏移距离（misregistration distance，MD）。具体计算公式为

当符合正态概率分布时
$$MD=\frac{\Delta\mu\pm\Delta\sigma}{R_{90}}=\frac{(\mu_V-\mu_S)\pm(\sigma_V-\sigma_S)}{R_{90}} \tag{2-1}$$

当符合抛物线概率分布时
$$MD=\frac{\Delta a\pm\Delta b}{R_{90}}=\frac{(a_V-a_S)\pm(b_V-b_S)}{R_{90}} \tag{2-2}$$

式中，μ_V、μ_S 分别为品种和自然种两个正态分布群体随机变量的数学期望值；σ_V、σ_S 分别为品种和自然种两个正态分布群体随机变量的标准差；a_V、a_S 分别为决定品种和自然种两个抛物线分布群体曲线函数的开口方向及大小的特征参数；b_V 和 b_S 分别为决定品种和自然种两个抛物线分布群体曲线函数对称轴位置的特征参数；R_{90} 为品种群体箱线图 90% 观测值区域的极差。式中"±"取决于 $\Delta\mu$ 与 $\Delta\sigma$（或 Δa 与 Δb）的乘积的正负性，当乘积为正数时，用"−"，当乘积为负数时，用"+"。

2）基于概率分布函数曲线的偏移面积，计算两个群体之间的偏移比例（misregistration probability/proportion，MP）。具体计算公式为

$$MP(\%) = \frac{A_{S1} + A_{S2}}{2} + \frac{A_{V1} + A_{V2}}{2} \qquad (2-3)$$

式中，A_{S1} 和 A_{S2} 为自然种群体偏离品种群体的面积占自然种群体概率分布曲线与 X 轴围成的总面积的比例，A_{V1} 和 A_{V2} 为品种群体偏离自然种群体的面积占品种群体概率分布曲线与 X 轴围成的总面积的比例。

2.3 海棠花粉表型性状演化规律

2.3.1 基于经典分类和分子发育树的苹果属种的花粉表型性状演化关系

在进行苹果属种与种的进化关系分析时，基于 ITS 序列构建的苹果属 ML 系统发育树（图 2-1），23 个苹果种可划分为 5 种类群 [靴值（bootstrap value）＝36%～99%]。将 A→E 5 个类群按 1→5 分别赋值，比较分子进化树分类结果与经典分类的苹果属组进化顺序之间的一致性。相关性分析结果表明，分子进化树分类结果与经典分类的苹果属组进化顺序之间呈极显著正相关关系（$R=0.758$，$P<0.0001$）。

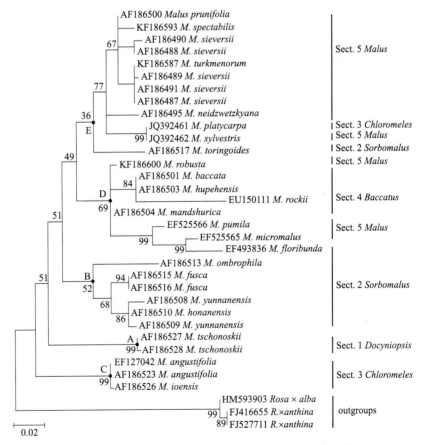

图 2-1　基于苹果属分子发育树的苹果属种演化关系分析

注：基于极大似然法构建分子进化树。靴值已标注。种名称前的代码为其 ITS 序列的 GenBank 登录号。右侧组编号基于 1940 年 Rehder 和 2001 年李育农等人演化观点，编号越大，表示该组在经典分类系统中被认为越进化

　　基于花粉 9 个表型指标，从 3 个维度（大小、形态和纹饰特征）进行了聚类分析（图 2-2）。将聚类结果（将 A→E 5 个类群按 1→5 分别赋值）与经典分类结果进行一致性分析，发现在 3 个维度

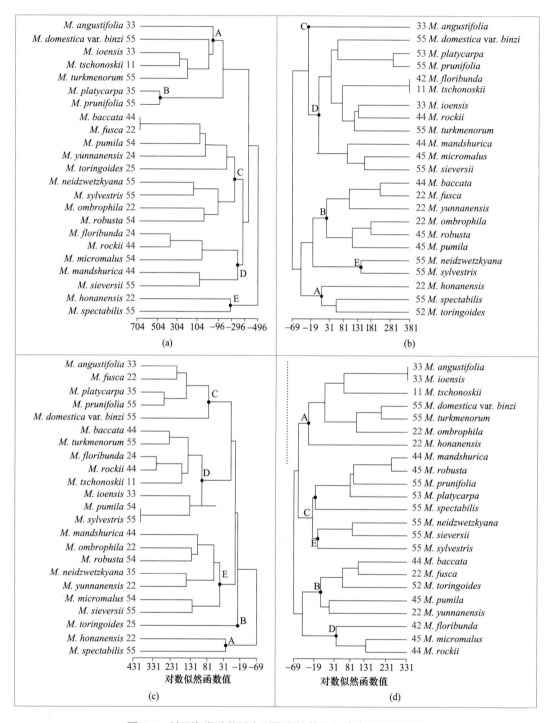

图 2-2　基于海棠种花粉表型聚类的苹果属种演化关系分析

注：基于极大似然法构建的海棠种花粉表型聚类图与经典分类演化顺序及分子发育树分类结果一致性比较。（a）是基于 23 个种花粉的 P、E、$E_{1/2}$、P/E_0、$P/E_{1/2}$、$E_{1/2}/E_0$、条脊宽、条脊距、穿孔密度 9 个指标构建的聚类图；（b）是基于种花粉大小（P、E、$E_{1/2}$）3 个指标构建的聚类图；（c）是基于种花粉的形态（P/E_0、$P/E_{1/2}$ 及 $E_{1/2}/E_0$）3 个指标构建的聚类图；（d）是基于种花粉的纹饰特征（条脊宽、条脊距和穿孔密度）3 个指标构建的聚类图。种名称前的红色数字表示该种在经典分类演化观点中所在组的编号，蓝色数字表示该种在图 2-1 中分子发育树中所在类群的编号

中，第 3 个维度（纹饰特征）与经典分类之间呈现显著的一致性（$R=0.472$，$P=0.023$），其他 2 个维度（大小、形态）相关性较低（表 2-1）。

表 2-1　苹果属种三种演化关系分析方法之间的相关性分析

分析方法	经典分类演化顺序	花粉表型性状								
		花粉大小			花粉形态			花粉纹饰		
		P	E_0	$E_{1/2}$	P/E_0	$P/E_{1/2}$	$E_{1/2}/E_0$	RW	FW	PD
分子进化树分类结果	0.758**	−0.014	−0.090	−0.133	0.079	0.033	−0.082	−0.474*	−0.306	0.060
		0.320			−0.060			0.542*		
		0.071								
经典分类演化顺序	1	0.003	−0.156	−0.076	0.066	0.081	0.117	−0.383	−0.260	−0.072
		0.328			0.185			0.472*		
		0.076								

注：相关性分析数据来源于图 2-1 和图 2-2 各海棠种所在的组系编号及类群编号。

* $P \leqslant 0.05$。

** $P \leqslant 0.01$。

综上可知，分子进化树分类结果较好地支持了经典分类观点，沿着进化树的演化方向，花粉纹饰演化与经典分类及与分子进化树之间也呈现出显著的一致性，这表明花粉纹饰特征在苹果属种的进化关系分析中具有重要的参考价值。

2.3.2　基于箱线图分析的海棠自然种和品种两个群体花粉表型性状演化趋势

图 2-3 为海棠自然种（23 个海棠种）和品种（84 个海棠品种）两个群体的花粉大小、形态及纹饰特征等数量性状的箱线图。在花粉大小方面（图 2-3 中 I），海棠自然种群体的极轴长度（P）具有更大的分布范围，并完全涵盖了品种群体的分布范围。然而，花粉赤道宽度（E_0 和 $E_{1/2}$）维度的情况正好相反，海棠品种群体具有更大的分布范围，并完全涵盖了海棠种群体的分布范围（超亲个体比例达 10.7%）。尽管如此，反映花粉大小的 3 个指标（P、E_0 和 $E_{1/2}$）在 2 个群体之间皆无显著差异（P 分别为 0.94、0.28 和 0.79）。

在花粉形态方面（图 2-3 中 II），海棠品种群体的 3 个形态指标（P/E_0、$P/E_{1/2}$、$E_{1/2}/E_0$）的分布范围均小于海棠种群体。然而，仍然存在一定的超亲个体（超亲个体比例分别为 9.5%、1.2% 和 17.9%），其中海棠品种群体的 $E_{1/2}/E_0$ 显著高于海棠种群体（$P=0.0015$），而 P/E_0 和 $P/E_{1/2}$ 在 2 个群体之间无显著差异（P 分别为 0.45 和 0.92）。

在花粉纹饰方面（图 2-3 中 III），海棠品种群体的 3 个纹饰特征指标（RW、FW 和 PD）皆具有更大的分布范围，并完全涵盖了海棠种群体的分布范围（超亲个体比例为 7.1%、14.3% 和 17.9%）。海棠品种群体的条脊距和穿孔密度显著高于海棠种群体（P 分别为 0.0394 和 0.478），条脊宽在 2 个群体之间没有显著差异（$P=0.30$）。

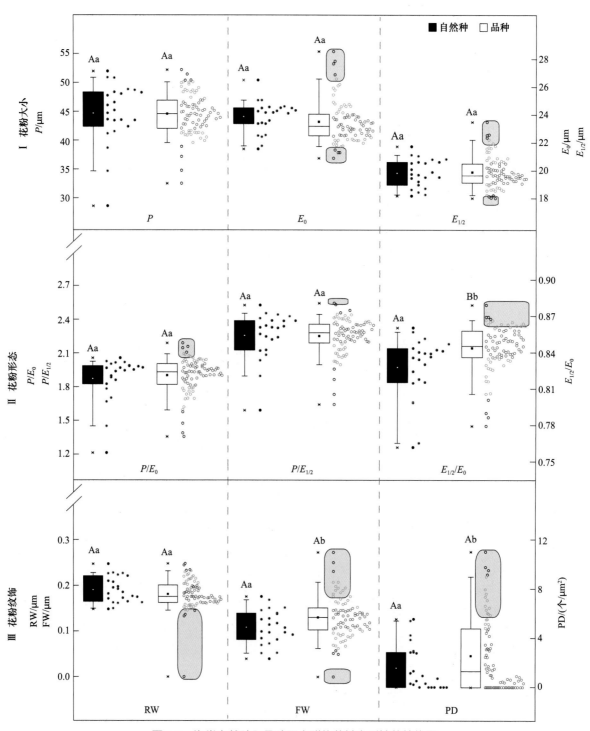

图 2-3　海棠自然种和品种两个群体花粉表型性状箱线图

注：红色圆圈为分布于箱体内的 50% 群体样本数据，红色圆圈＋绿色圆圈为 90% 群体样本数据，黄色背景为超亲品种个体数据

2.3.3 基于频率分布特征的海棠自然种和品种两个群体的花粉表型性状演化趋势

图 2-4 为海棠自然种（23 个海棠种）和品种（84 个海棠品种）两个群体的花粉大小、形态及纹饰特征的频率分布函数。除了花粉纹饰的穿孔密度指标呈现抛物线分布（$R^2 = 0.8683 \sim 0.8783$），其他 8 个花粉表型性状皆呈现正态分布（$R^2 = 0.8743 \sim 0.9986$）（表 2-2）。

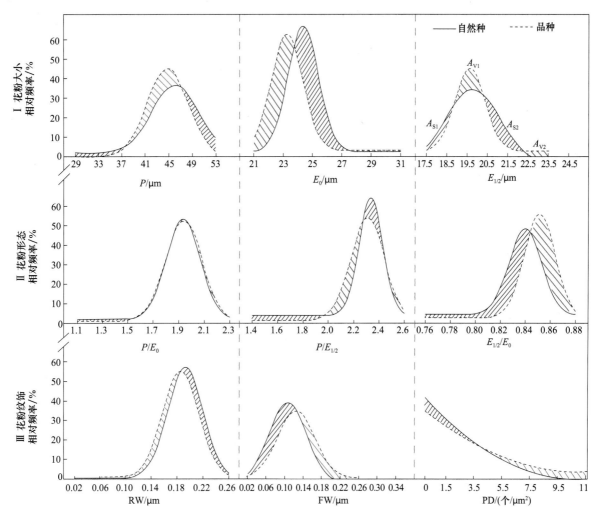

图 2-4　海棠自然种与品种两个群体花粉表型性状频率分布图

注：图中填充左斜线为反映自然种群体偏离品种群体的比例，填充右斜线为反映品种群体偏离自然种群体的比例

与自然种群体相比，反映品种花粉大小的 3 个指标（P、E_0、$E_{1/2}$）的正态分布皆呈现左偏移（减小趋势）（图 2-4 中 I）。然而，反映花粉形态的 3 个指标呈现出不同的变化趋势，两个群体的 P/E_0 概率分布几乎重叠，$P/E_{1/2}$ 概率分布左偏移（减小趋势），$E_{1/2}/E_0$ 概率分布右偏移（增大趋势）（图 2-4 中 II）。反映花粉纹饰特征的 3 个指标也呈现出不同的变化趋势，RW 概率分布呈现左偏移（减小趋势），FW 和 PD 概率分布皆呈现右偏移（增大趋势）（图 2-4 中 III）。

为了定量化地表达两个群体花粉性状的偏移程度，构建了偏移比例和偏移距离 2 个参数。结果表明，MP 和 MD 之间呈现显著的正相关关系（$R^2 = 0.7774$，$P = 0.002$）。整体而言，花

表2-2 海棠自然种与品种两个群体花粉表型性状概率分布函数及其偏移距离与偏移比例

花粉性状	自然种群体 概率分布函数	自然种群体 特征参数	品种群体 函数公式	品种群体 特征参数	偏移距离 MD	偏移距离 排序	偏移比例 MP	偏移比例 排序
P	$y=1.993+35.289\cdot e^{-\frac{0.5(x-\mu)^2}{\sigma^2}}$ $(R^2=0.9753)$	$\mu=46.202,$ $\sigma=3.929$	$y=-0.119+45.776\cdot e^{-\frac{0.5(x-\mu)^2}{\sigma^2}}$ $(R^2=0.9956)$	$\mu=44.928,$ $\sigma=3.520$	-0.165	4	0.154	5
E_0	$y=2.452+65.104\cdot e^{-\frac{0.5(x-\mu)^2}{\sigma^2}}$ $(R^2=0.9538)$	$\mu=24.357,$ $\sigma=1.049$	$y=3.063+60.530\cdot e^{-\frac{0.5(x-\mu)^2}{\sigma^2}}$ $(R^2=0.9635)$	$\mu=23.258,$ $\sigma=1.071$	-0.221	1	0.3385	1
$E_{1/2}$	$y=-3.371+38.052\cdot e^{-\frac{0.5(x-\mu)^2}{\sigma^2}}$ $(R^2=0.8743)$	$\mu=19.770,$ $\sigma=1.317$	$y=2.771+42.785\cdot e^{-\frac{0.5(x-\mu)^2}{\sigma^2}}$ $(R^2=0.9577)$	$\mu=19.630,$ $\sigma=0.752$	-0.177	2	0.155	4
P/E_0	$y=1.933+52.104\cdot e^{-\frac{0.5(x-\mu)^2}{\sigma^2}}$ $(R^2=0.9780)$	$\mu=1.933,$ $\sigma=0.132$	$y=0.945+52.172\cdot e^{-\frac{0.5(x-\mu)^2}{\sigma^2}}$ $(R^2=0.9933)$	$\mu=1.937,$ $\sigma=0.143$	0.027	9	0.0305	9
$P/E_{1/2}$	$y=4.086+61.343\cdot e^{-\frac{0.5(x-\mu)^2}{\sigma^2}}$ $(R^2=0.8969)$	$\mu=2.334,$ $\sigma=0.094$	$y=1.621+53.358\cdot e^{-\frac{0.5(x-\mu)^2}{\sigma^2}}$ $(R^2=0.9497)$	$\mu=2.309,$ $\sigma=0.133$	0.030	8	0.142	6
$E_{1/2}/E_0$	$y=4.168+43.663\cdot e^{-\frac{0.5(x-\mu)^2}{\sigma^2}}$ $(R^2=0.9063)$	$\mu=0.840,$ $\sigma=0.013$	$y=2.659+52.604\cdot e^{-\frac{0.5(x-\mu)^2}{\sigma^2}}$ $(R^2=0.9803)$	$\mu=0.851,$ $\sigma=0.012$	0.175	3	0.3035	2
RW	$y=0.236+57.660\cdot e^{-\frac{0.5(x-\mu)^2}{\sigma^2}}$ $(R^2=0.9980)$	$\mu=0.193,$ $\sigma=0.027$	$y=0.350+55.396\cdot e^{-\frac{0.5(x-\mu)^2}{\sigma^2}}$ $(R^2=0.9986)$	$\mu=0.185,$ $\sigma=0.028$	-0.074	7	0.106	8
FW	$y=-1.471+42.168\cdot e^{-\frac{0.5(x-\mu)^2}{\sigma^2}}$ $(R^2=0.9814)$	$\mu=0.109,$ $\sigma=0.042$	$y=1.406+34.949\cdot e^{-\frac{0.5(x-\mu)^2}{\sigma^2}}$ $(R^2=0.9943)$	$\mu=0.127,$ $\sigma=0.041$	0.121	6	0.1845	3
PD	$y=a\,(x-b)^2+45.965$ $(R^2=0.8683)$	$a=0.357,$ $b=1.375$	$y=a\,(x-b)^2+35.945$ $(R^2=0.8783)$	$a=0.259,$ $b=0.733$	0.140	5	0.1135	7

注：表中MD公式为 $MD=\dfrac{\Delta\mu\pm\Delta\sigma}{R90}=\dfrac{(\mu_v-\mu_s)\pm(\sigma_v-\sigma_s)}{R90}$，或者 $MD=\dfrac{\Delta a\pm\Delta b}{R90}=\dfrac{(a_v-a_s)\pm(b_v-b_s)}{R90}$，其值为负值表示品种种群相对于自然种群发生左偏移（即变小），其值为正值表示发生生右偏移（即变大）；MP公式为 $MP(\%)=\dfrac{A_{S1}+A_{S2}}{2}+\dfrac{A_{V1}+A_{V2}}{2}$。

粉大小和形态比花粉纹饰指标偏移程度大，赤道方向（E_0，$E_{1/2}$）比两极方向指标（P）偏移程度大。传统的形态指标（P/E_0）极为保守，而形态指标（$E_{1/2}/E_0$ 和 $P/E_{1/2}$）的偏移程度显著增加（表 2-2）。

2.4 本章小结

　　在进行苹果属种与种之间的进化关系分析时，选取苹果属种经典分类演化关系分析、分子进化树及花粉表型性状聚类图的构建，通过 3 种分类结果之间的相关性分析，比较了三者之间的一致性。发现不仅分子进化树分类结果较好地支持了经典分类观点，而且沿着进化树的演化方向，花粉纹饰演化结果与经典分类及分子进化树结果之间也呈现显著的一致性。这表明花粉纹饰特征在苹果属种的进化关系分析中具有重要的参考价值。

　　在进行苹果属种与品种之间的进化关系分析时，选取花粉大小、形态和纹饰特征 3 个维度性状，通过频率分布函数比较分析（方法 I），发现除了 P/E_0 以外，其他 8 个性状在两个群体间皆存在明显的演化趋势。在演化方向上，花粉大小呈现由大到小的变化趋势，花粉形态呈现从长椭圆形到近矩圆形的变化趋势，花粉纹饰呈现从条脊粗而密到细而疏的变化趋势，穿孔呈现由低密度到高密度的变化趋势。在演化程度上，花粉大小和形态的演化程度大于花粉纹饰，赤道方向大于两极方向。通过箱线图分析（方法 II），发现两个群体间仅 $E_{1/2}/E_0$、条脊距和穿孔密度 3 个性状存在显著差异，但演化方向与方法 I 结果一致。这表明方法 I 比方法 II 具更高的敏感度（区分度）。显然，频率分布函数分析可以更清晰地揭示海棠种与品种花粉的演化关系，这对植物分类群的花粉性状演化研究具有借鉴意义。

第三章

 3.1 植物花粉纹饰演化的研究背景

花粉纹饰特征具有极高的遗传稳定性和保守性（Sarwar et al.，2010），因此常用于探索植物起源、遗传演化及系统分类研究（Sarwar et al.，2012；Qaiser et al.，2015）。然而，花粉纹饰排列规律通常难以直接定量化。1974年Walker基于35个科的1000多个植物种的花粉特征研究发现，植物花粉外壁纹饰演化规律总体上呈现由规则纹饰向不规则纹饰，由简单纹饰向复杂纹饰进化。1991年贺超兴和徐炳声基于苹果属26个种和5个杂交种的花粉特征研究，指出苹果属花粉表面纹饰呈现直线规则型→条纹无序型→交错无序型的进化趋势。然而，这些研究手段仅局限于对花粉纹饰排列规则的定性化描述，通常适用于纹饰差别较大的科属以上分类单位演化关系分析。针对科属以下的分类单位，有些研究基于花粉表面纹饰的局部细节特征（RW、FW、PD等），进行种质之间的遗传与演化的定量分析（Currie et al.，1997；Anderberg et al.，2000；Grant et al.，2000），但这种方法难以反映花粉纹饰的整体特征，而且测定工作量大。因此，开展花粉纹饰排列规律的定量化分析方法的研究具有重要理论意义。

 3.2 海棠花粉纹饰演化规律的量化分析方法

我们基于花粉纹饰排列的整体规律，以131份海棠种质花粉为材料（包括45个自然种，86个品种）（附表2），从3个维度分别提取一个具有二元性质的定性变量，构建二进制三维数据矩阵，实现定性分析与定量分析的统一，揭示海棠种质不同群体（从种到品种，亲代到子代）间的花粉纹饰演化规律。

关于海棠花粉表面纹饰条纹排列规则性程度，通过构建二进制三维数据矩阵（$X_i Y_i Z_i$）来表达。其中，X_i 的含义：根据花粉表面条纹排列规则性的有无，分为规则型（regular group，R）和不规则型（irregular group，IR），分别按照二进制赋值为 $X_i=1$，0；Y_i 的含义：根据花粉表面规则性排列条纹单元面积总和的大小，分为整体规则型（whole regular group，WR）和局部规则型（part regular group，PR），分别按照二进制赋值为 $Y_i=1$，0；Z_i 的含义：根据花粉表面条纹排列方式是否唯一，分为单一方式型（single-pattern group，S）和多个方式型（multi-pattern group，M），分别按照二进制赋值为 $Z_i=1$，0。因此，所有海棠种质的花粉纹饰类型可以表示为（$X_i\ Y_i\ Z_i$）数据矩阵形式，即整体单一规则型（wholly regular single-pattern type，WRS，1 1 1）、整体非单一规则型（wholly regular multi-pattern type，WRM 型，1 1 0）、局部非单一规则型（partially regular single-pattern type，PRS，1 0 1）、局部非单一规则型（partially regular multi-pattern type，PRM，1 0 0）和不规则型（irregular type，IR，0 0 0）5 种类型。三维数据矩阵（$X_i\ Y_i\ Z_i$）的赋值条件参见表 3-1。

表 3-1　海棠花粉纹饰类型判别依据

纹饰类型	赋值条件	（$X_i\ Y_i\ Z_i$）	得分	特征值 A、n、a_i 示意图
WRS	$6/8 \leq A$, $n=1$	（1 1 1）	7	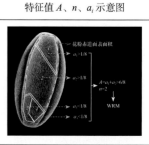
WRM	$6/8 \leq A$, $n>1$	（1 1 0）	6	
PRS	$3/8 \leq A < 6/8$, $n=1$	（1 0 1）	5	
PRM	$3/8 \leq A < 6/8$, $n>1$	（1 0 0）	4	
IR	$A < 3/8$ 或条纹不清晰或网纹状或皱波状	（0 0 0）	0	

注：$A=\sum\limits_{0}^{n} a_i$，（$1/8 \leq a_i \leq 1$，$0 \leq n \leq 8$，$0 \leq A \leq 1$）。其中 a_i 表示 1 个规则性条纹排列单元的面积（按照占花粉赤道面表面积的比例计算，赤道面表面积=1），n 为规则性条纹排列单元（$a_i \geq 1/8$）的数目，A 为所有规则性条纹排列单元（$a_i \geq 1/8$）面积之和。

关于三维变量的权重，根据重要性大小，按照由花粉纹饰排列规则性有无（X_i）→规则排列范围大小（Y_i）→排列方式多寡（Z_i）的顺序，赋予三维数据不同的位权（X>Y>Z）。位权赋值方法参考二进制转十进制算法，采取以 2 为底的幂表示，即 $2^{(n-1)}$，n 为从右至左的位数。因此，三维矩阵二进制转换为十进制的计算公式表示为（$X_i\ Y_i\ Z_i$）= $X_i \times 2^{(3-1)} + Y_i \times 2^{(2-1)} + Z_i \times 2^{(1-1)}$，5 个花粉纹饰类型的具体计算过程如下：WRS 型（1 1 1）=$1 \times 2^2 + 1 \times 2^1 + 1 \times 2^0 = 7$ 分，WRM 型（1 1 0）= $1 \times 2^2 + 1 \times 2^1 + 0 \times 2^0 = 6$ 分，PRS 型（1 0 1）= $1 \times 2^2 + 0 \times 2^1 + 1 \times 2^0 = 5$ 分，PRM 型（1 0 0）= $1 \times 2^2 + 0 \times 2^1 + 0 \times 2^0 = 4$ 分，IR 型（0 0 0）=$0 \times 2^2 + 0 \times 2^1 + 0 \times 2^0 = 0$ 分。该分值的大小反映了纹饰排列规则性程度的高低，分值越高，规则性越强，当分值相等时，规则性条纹排列单元的数目（n）越小，规则性越强。

在进行聚类分析时，为了提高矩阵数据区分度，先进行 $Z_i = 1/n$ 替换，然后直接采用（$X_i\ Y_i\ Z_i$）矩阵的三维数据进行聚类。

3.3　观赏海棠花粉纹饰演化规律

3.3.1　海棠种质花粉纹饰条纹规则类型的分布特征

本研究供试的 131 个海棠种质中，除 *M. hupehensis* 1 个自然种及 *M.* 'Strawberry Parfait 和 *M.*

'Hydrangea'2 个品种无花粉外，其余 128 个种质均有花粉。根据三维数据矩阵（X_i Y_i Z_i），对 128 个海棠种质进行聚类分析（图 3-1），在遗传距离 1.67 处，可划分为 WRS（１１１）、WRM（１１０）、PRS（１０１）、PRM（１００）和 IR（０００)5 种类型，各类型间花粉纹饰条纹的规则化程度差异极显著，得分分别为 7、6、5、4 和 0 分。5 种类型中的种质数量分布极不平衡，变异系数高达 90.4%。多数种质（79.0%）分布于前两种类型，WRS 和 WRM 两个类型比例较为接近，后三个类型比例较低（21.0%）且比例相近。

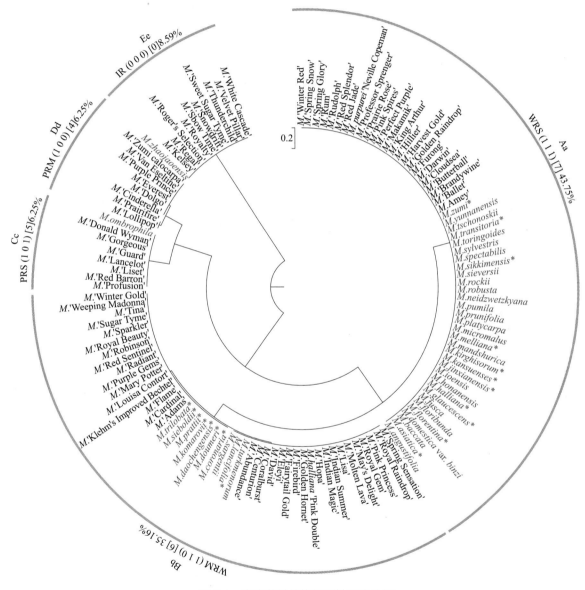

图 3-1　海棠花粉纹饰规则性聚类分析

注：图中红色字体为海棠自然种，黑色字体为海棠品种

3.3.2　由种到品种群体的花粉纹饰规则演化规律

基于图 3-1 的聚类分析，自然种（44 个）和品种（84 个）两大群体呈现出不同的花粉纹饰类

型权重分布特征［图 3-2（a）］。按照花粉纹饰规则性从高到低的顺序：WRS 型（7 分）、WRM 型（6 分）、PRS 型（5 分）、PRM（4 分）和 IR 型（0 分），自然种群体呈现出显著的幂函数分布的单边下降趋势，而品种群体则呈现近似 "A" 字形分布的先升后降趋势。在种和品种两大群体中，5 种花粉纹饰类型分布皆不均衡（变异系数分别为 1.54 和 0.73）。与自然种群体相比，品种群体更为均衡（变异系数约为前者 0.47 倍），自然种群体包括前 4 种花粉纹饰类型，而品种群体则增加到全部 5 种类型，前者中 WRS 型高达 72.7%，而后者中 WRS 型下降为 28.6%。

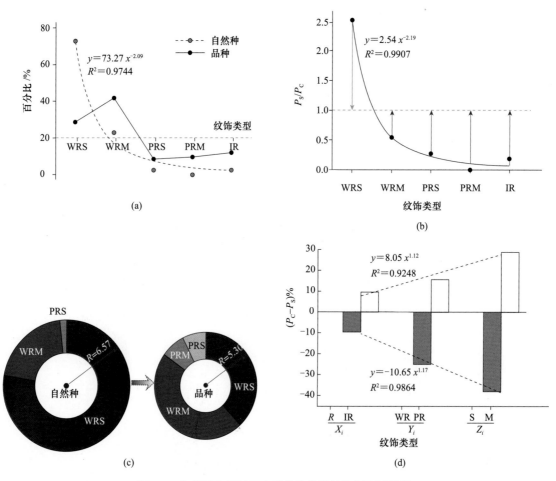

图 3-2　海棠种和品种两个群体的花粉纹饰规则性比较

注：（a）海棠自然种和品种两大群体的花粉纹饰类型构成与权重分布。（b）各花粉类型在两大群体中的权重比值（P_S/P_C）分布，其中绿柱长度 = P_S/P_C-1，代表自然种群体中 WRS 型花粉超过品种群体的相对权重；红柱长度 = $1-P_S/P_C$，代表品种群体中各类型花粉超过自然种群体的相对权重。（c）两大群体花粉纹饰规则化程度得分，圆的半径表示得分值大小，饼图构成代表各类型花粉种质数量权重构成。（d）两大群体在花粉纹饰 3 个维度（$X_i Y_i Z_i$）方向中的权重差

自然种和品种两大群体各花粉纹饰类型的权重之比（P_S/P_C）可以反映两个群体之间各花粉类型的权重消长关系。如图 3-2（b）所示，P_S/P_C 呈现出显著的幂函数分布的单边下降趋势。其中 WRS 型的 $P_S/P_C>1$（$P_S/P_C=1+$绿柱长度），其他 4 种花粉纹饰类型皆为 $P_S/P_C<1$（$P_S/P_C=1-$红柱长度，红柱从左至右逐渐变长），这表明品种群体的 WRS 类型下降权重被分配到了其他 4 种类型中，而且花粉纹饰规则越低，权重增加幅度越大。这种权重的消长趋势，导致了品种类群花粉纹饰规则性的下降。从图 3-2（c）可以看出，自然种群体比品种群体具有更高的得分，分别为 6.57 和 5.30。由于 R 型花粉纹饰类型的级差为 1，这表明品种群体的花粉纹饰规则性的整体下降幅度达到了级差的 1.27 倍。

如图 3-2（d）所示，在花粉纹饰规则性矩阵（X_i Y_i Z_i）中的 3 个维度上，品种群体中的 R型、W 型和 S 型花粉权重皆低于自然种群体（$\Delta P=P_C-P_S<0$），而 IR 型、P 型和 M 型花粉权重皆高于自然种群体（$\Delta P=P_C-P_S>0$）。这表明海棠花粉纹饰演化趋势由规则向不规则（R→IR）、由整体规则向局部规则（W→P）、由单一规则排列方式向多个方式（S→M）演化。此外，沿着$X_i→Y_i→Z_i$ 的 3 个维度方向，演化程度也呈现出显著增大趋势（ΔP 逐渐增加）。

3.3.3　海棠亲子代两个群体花粉纹饰规则性的演化规律

为了探索海棠亲子代两个群体花粉纹饰规则性的演化规律，对 31 个亲本可溯源的品种花粉纹饰规则性得分进行了统计分析，发现所有子代花粉纹饰排列的规则化程度皆不超过其亲本的最高值（附表 3）。

从亲代和子代两大群体之间花粉纹饰类型的权重分布特征来看［图 3-3（a）］，按照花粉纹饰规则性从高到低的顺序，亲代群体呈现出显著的幂函数分布的单边下降趋势，而子代群体则呈现近似

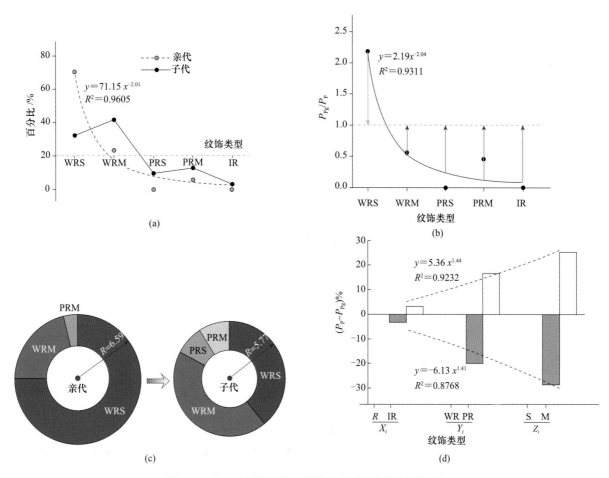

图 3-3　亲本及其子代两个群体的花粉纹饰规则性比较

注：（a）亲本和子代两大群体的花粉纹饰类型构成与权重分布。（b）各花粉类型在两大群体中的权重比值（P_S/P_C）分布，其中绿柱长度＝P_S/P_C-1，代表亲本群体中 WRS 型花粉超过子代群体的相对权重；红柱长度＝$1-P_S/P_C$，代表子代群体中各类型花粉超过亲本群体的相对权重。（c）两大群体花粉纹饰规则化程度得分，圆的半径表示得分值大小，饼图构成代表各类型花粉种质数量权重构成。（d）两大群体在花粉纹饰 3 个维度（X_i Y_i Z_i）方向中的权重差

"A"字形分布的先升后降趋势。在两大群体中，5 种花粉纹饰类型分布都极不均衡（变异系数分别为 1.49 和 0.82）。与亲代群体相比，品种群体相对更为均衡（变异系数约为前者 0.55 倍）。亲代群体仅有 WRS 型、WRM 型和 PRM 型 3 种类型，品种群体包含全部 5 种类型。

亲代和子代两大群体间的同种花粉纹饰类型的权重之比（P_{Pg}/P_P）可以反映两个群体之间各花粉纹饰类型的消长关系。图 3-3（b）表明，P_{Pg}/P_P 呈现出显著的幂函数分布的单边下降趋势。其中 WRS 型的 $P_{Pg}/P_P > 1$（$P_{Pg}/P_P = 1 +$ 绿柱长度），其他 4 种花粉纹饰类型皆为 $P_{Pg}/P_P < 1$（$P_{Pg}/P_P = 1 -$ 红柱长度，红柱从左至右逐渐变长），这表明子代群体 WRS 类型下降的权重被分配到了其他 4 种花粉类型中，而且花粉纹饰规则越低，权重增加幅度越大。这种权重的消长趋势，导致了子代类群花粉纹饰规则性的下降。从图 3-3（c）可以看出，亲代群体比子代群体具有更高的得分，分别为 6.59 和 5.77，这表明子代群体的花粉纹饰规则性的整体下降幅度达到了 R 型花粉纹饰规则性级差的 0.82 倍。

在花粉纹饰规则性矩阵（$X_i\ Y_i\ Z_i$）中的 3 个维度上，子代群体中的 R 型、W 型和 S 型花粉类型权重皆低于亲代群体（$\Delta P = P_P - P_{Pg} < 0$），而 IR 型、P 型和 M 型花粉类型权重皆高于亲代群体（$\Delta P = P_P - P_{Pg} > 0$）。这表明了海棠花粉纹饰演化趋势为规则向不规则（R→IR）、整体规则向局部规则（W→P）、单一排列方式向多个方式（S→M）演化。此外，沿着 $X_i → Y_i → Z_i$ 的 3 个维度方向，演化程度也呈现出加大趋势（ΔP 逐渐增加）[图 3-3（d）]。

3.4 本章小结

花粉纹饰排列规律对探索植物遗传演化与系统分类具有重要价值。然而，这种排列规律通常难以直接定量化。基于 131 份观赏海棠种质（自然种 45 个，品种 86 个）的花粉表面纹饰排列特征观测，从 3 个维度分别提取一个具有二元性质的定性变量（X_i 表示花粉表面条纹排列规则性的有无，Y_i 表示规则排列范围的大小，Z_i 表示排列方式的多寡），构建二进制三维数据矩阵（$X_i\ Y_i\ Z_i$），结合位权赋值，将矩阵数据转换成十进制数据，从而实现定性与定量分析的统一，为观赏海棠花粉纹饰在 3 个维度的演化规律分析提供依据。

根据二进制三维矩阵（$X_i\ Y_i\ Z_i$）统计分析发现，在演化方向上，海棠花粉纹饰呈现出由规则型向不规则型（R→IR）、整体规则型向局部规则型（W→P）、单一排列方式向多个方式（S→M）的演化趋势。在演化程度上，与海棠种相比，海棠品种的花粉纹饰规则呈现显著下降趋势，下降程度达到 R 型花粉纹饰规则级差的 0.82～1.27 倍，而且沿着 $X_i → Y_i → Z_i$ 方向，下降幅度呈现显著加大趋势。

海棠自然种较品种具有更强的规则性，但规则性强的不一定都是种，这一结论对苹果属种的分类地位评价具有一定的参考价值。

第四章

4.1 垂丝海棠花粉发育研究背景

　　垂丝海棠是中国长江流域古典园林中运用最为普遍的品种之一。观察发现，在部分单瓣垂丝海棠植株的成熟花药中，难以收集到成熟花粉用于控制授粉。鉴于此，我们对垂丝海棠的有性生殖过程开展了研究，发现单瓣垂丝海棠花粉发育过程中有一定程度的败育现象（孙匡坤，2013；陈文岩，2016）。为了阐述其花粉败育的细胞学机理，我们运用常规电镜技术，详尽观察了单瓣垂丝海棠花药及花粉的发育过程。

4.2 垂丝海棠混合芽形态发育观测

　　花器官发育过程中，形态变化与花分生组织的分化有着直接联系。因此，学者们往往依据花芽或混合芽形态的变化来反映花器官的发育阶段（Mirgorodskaya et al.，2015；Kim et al.，2016）。
　　我们通过定期采集单瓣垂丝海棠的混合芽，在体式解剖镜下进行解剖观察（图 4-1 和图 4-2）。结果表明，12 月至次年 1 月的混合芽呈火炬状，芽鳞紧包。剥去芽鳞后，可见 5～6 朵小花及幼叶。每朵小花的花萼已明晰可辨，呈黄绿色，而花瓣尚未露出。花萼基部的萼筒与短小的花柄无明显区别。剥去花被后，能观察到多个透明无色的幼嫩花药（图 4-1 中 1～3）。2 月下旬，芽鳞开始松散，芽开始萌动，幼叶开始萌发。新出叶呈红褐色，包被着幼小花蕾。此时的小花蕾较为瘦长，花萼明显伸长，基本达到花绽放时的长度，其上端为红褐色，内部白色柔毛显著。花萼基部萼筒膨大，与花柄的区分显著。小花柄明显伸长，一侧有红褐色条带。剥去花被后，花药已膨大，呈黄绿色（图 4-1 中 4～6）。3 月初，芽完全绽开，外围幼叶呈绿色，小花蕾被内部红色幼叶包围。此时，小花蕾直径显著增加而显得粗短。花萼片整体呈红色，包被在萼筒内的子房显著膨大（图 4-1 中 7～9）。3 月中旬，小花蕾上端宽圆，呈椭圆形，深红色的花瓣从花萼片中露出，子房膨大更为明显。剥去花被后，可见伸长的花丝及膨大的淡黄色花药（图 4-2 中 10～12）。开放前的小花蕾呈气球状，花瓣浅红色。剥去花被后，外轮雄蕊花丝伸长达到最大值，内轮雄蕊花丝长短参差不齐。花药呈苍白色（图4-2中13～15）。3月下旬，垂丝海棠进入初花期。

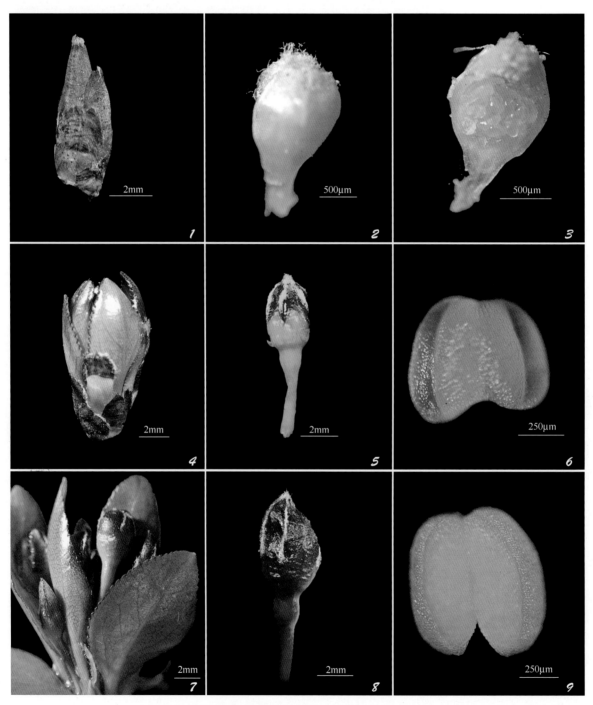

图4-1　垂丝海棠混合芽形态变化之一

注：1～3. 12月至次年1月的混合芽。1. 混合芽外部形态；2. 剥去芽鳞后的混合芽；3. 幼花药。4～6. 2月下旬的混合芽。
4. 芽鳞已松动；5. 小花花蕾；6. 呈蝶形的幼花药。7～9. 3月初的混合芽。7. 萌动的混合芽；8. 小花花蕾，子房明显膨大；
9. 膨大的幼花药

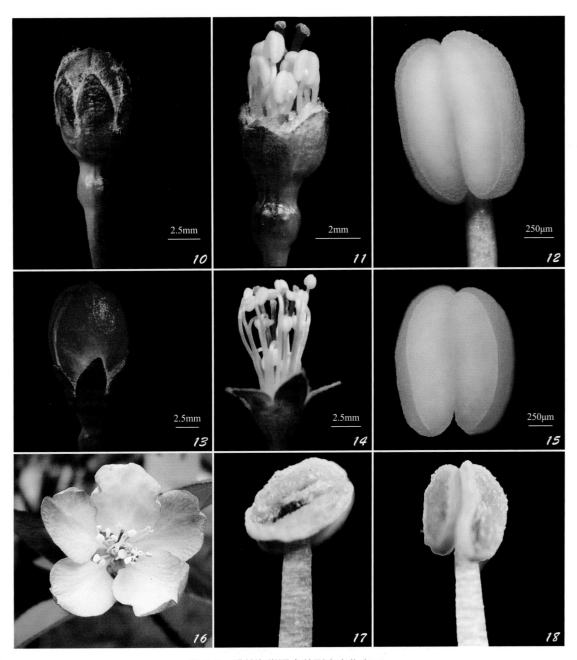

图 4-2　垂丝海棠混合芽形态变化之二

注：10～12. 3月中旬的小花蕾。10. 小花蕾的花瓣已露出，子房膨大显著；11. 去除花被片后，可见花丝显著伸长的雄蕊；12. 呈黄色
的花药近乎成熟。13～15. 开放前的花蕾。13. 花瓣深粉红色，花萼伸展；14. 雄蕊群；15. 成熟花药呈苍白色。16. 盛开的花朵。
17、18. 开裂的花药中几乎无花粉

 4.3 垂丝海棠花粉发育的超微结构观测

由于混合芽外部形态与内部结构的变化过程存在同步性，在进行垂丝海棠花粉发育超微结构观测时，外部形态的阶段性特征具有重要参考价值。从 12 月至次年 4 月定期采集单瓣垂丝海棠的混合芽，以 4% 戊二醛固定液（0.2mol/LPBS，pH＝7.2 配制）进行前固定，以 2% 锇酸（0.2mol/LPBS，pH＝7.2 配制）进行后固定，同浓度 PBS 清洗后再以梯度丙酮脱水，采用 Epon812 树脂渗透包埋。用 RMC 超薄切片机切片，醋酸铀 - 硝酸铅染液染色后，用 JEM-1400 透射电子显微镜进行观察并拍照。

4.3.1 花药初级分化阶段

根据混合芽外部形态变化，结合超微结构观察，发现 12 月至次年 1 月底的花药处于初级分化阶段。本阶段花药中，表皮、表皮下方的未完全分化呈同心环状排列的花药壁组织、等径不规则的初生造孢细胞、分化中的药隔等清晰可见（图 4-3 中 1 和 2）。初生造孢细胞的细胞核位于细胞中

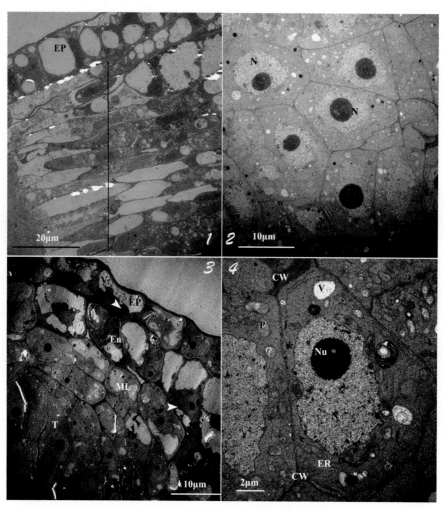

图 4-3　垂丝海棠花药超微结构：幼花药

注：1. 花药发育早期阶段，花药最外围为发育中的表皮（EP），尚无淀粉粒及大液泡。表皮内为同心环状排列的初生壁细胞（见线段）。2. 初生壁细胞内方的造孢组织细胞：形状不规则，细胞壁薄，细胞质浓厚，细胞器丰富，细胞核显著。3. 小孢子母细胞阶段的花药壁。表皮细胞（EP）出现大液泡（V），淀粉粒（▶）丰富；药室内壁（En）、中层（ML）已分化；绒毡层（T）尚未形成多核。4. 小孢子母细胞：角隅处的胼胝质壁（CW）开始增厚，细胞核中染色质加深，细胞质中细胞器丰富，可见内质网（ER）、质体（P）、线粒体（＊）等

央，细胞质电子密度致密。细胞核具有大且显著的核仁，染色质染色浅。细胞质中，内质网数目较多，还有多个小液泡。线粒体、质体数量相对较少（图 4-3 中 2）。

4.3.2　造孢细胞期

2 月上旬，混合芽的芽鳞颜色变深，剥开后花药为明显的蝶形，颜色变深。超微结构观察显示，花药壁的药室内壁、中层细胞分化基本完成，绒毡层细胞特征不典型，细胞径向直径无明显增长，细胞核为单核（图 4-3 中 3）。药室中的初生造孢细胞数目增加，细胞体积增加，细胞质浓厚，细胞核中染色质不显著。花药的此发育阶段为造孢细胞期。

4.3.3　小孢子母细胞形成期

2 月中旬至 3 月初，混合芽变化较快。2 月底，混合芽的芽鳞开始松动，露出花蕾和幼叶。小花萼片顶端白色柔毛清晰可见。剥去花被，花柄明显伸长，子房开始膨大，花药为鲜绿色，花丝明显。如图 4-3 中 4 所示，花药中部的造孢细胞体积有所增大，形状不规则，细胞壁较薄。在相邻细胞的角隅处，细胞壁有增厚现象，与其他类型的细胞明显不同。造孢细胞的细胞壁增厚，标志着造孢细胞进入小孢子母细胞阶段。小孢子母细胞的细胞器丰富，包括质体、线粒体、内质网、核糖体、高尔基体等。内质网数量众多，分泌活跃。质体的数目不仅多，而且体积大。线粒体结构清晰，内嵴明显。很多母细胞核仁中央呈电子透明态（"液泡"），表明细胞正在进行旺盛的 RNA 合成，为减数分裂做准备。花药的此发育阶段为小孢子母细胞形成期。

4.3.4　减数分裂期

3 月初，混合芽已完全展开，花蕾直径显著增加，花柄迅速伸长，花萼片整体呈红色，包被在萼筒内的子房膨大显著。此阶段药室中可见到处于减数分裂的细胞（图 4-4）。

单瓣垂丝海棠小孢子母细胞减数分裂的胞质分裂为同时型，形成的四分体多呈金字塔型（图 4-4 中 2）。四分体小孢子的外围是较厚的胼胝质层。如图 4-4 中 3 所示，小孢子细胞质浓厚，含有丰富的线粒体、内质网、质体、高尔基体，且线粒体嵴的结构明显，内质网十分发达，可见内质网缠绕为内质网环。细胞核大，位于中央。最初阶段，在胼胝质壁与小孢子的质膜之间，能观察到极薄的花粉初生壁。随着四分孢子的发育，在花粉原外壁原基中，逐渐分化出了不连续的条带——基粒棒。此后基粒棒的上端横向扩展形成了覆盖层，花粉的原外壁分化形成。

随着发育进程延续，四分体出现细胞核变形和细胞质固缩的现象，细胞扭曲变形，最终导致四分体小孢子完全退化，仅剩下中空的胼胝质壁。大部分四分体的胼胝质壁没有降解，四分体小孢子未能离散（图 4-4 中 4）。

4.3.5　单核小孢子期

3 月中旬，花萼片分开，露出深红色花瓣。花药横切面上，发现绒毡层细胞特征典型，细胞连接紧密，彼此间胞间隙小，细胞质中有大量的垛叠内质网，但与前阶段相比，其电子密度下降。中层细胞未完全解体（图4-7中1和2）。药室中可观察到少量游离小孢子，具明显的花粉外壁，体积明显增加（图4-7中3）。包被在胼胝质壁中的小孢子细胞质多处于降解状态（图4-7中4）。花药的本发育阶段为单核小孢子期。

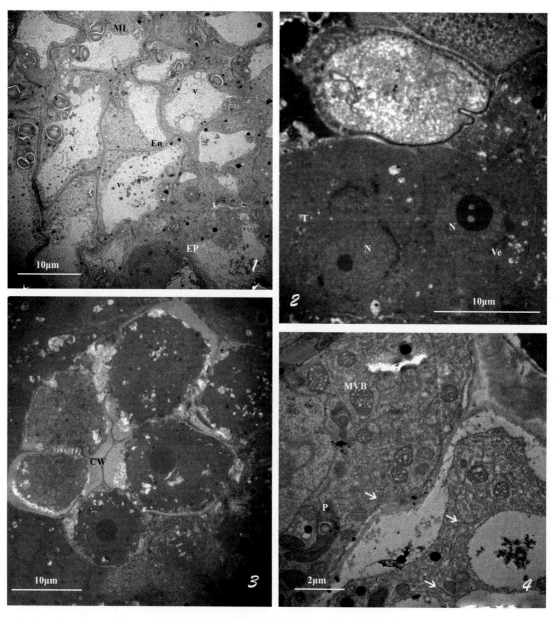

图 4-4　垂丝海棠花药超微结构：减数分裂阶段

注：1. 减数分裂阶段的花药壁。表皮（EP）、药室内壁（En）、中层（ML）中可见淀粉粒（S）、大液泡（V）。2. 绒毡层（T）细胞核（N）显著，细胞器丰富，细胞质浓厚，有大量的小泡（Ve）。3. 即将进入减数分裂的小孢子母细胞：细胞角隅处被胼胝质壁（CW）开始沉积。细胞质浓厚。4. 绒毡层的局部放大。细胞器丰富，可见内质网（➜）、质体（P）、多泡体（MVB）等

4.3.6　花粉成熟期

在南京地区，垂丝海棠多在3月下旬进入花期。当花蕾膨大为气球状时，1～2天内即

进入初花期。电镜观察表明，在此阶段单瓣垂丝海棠花药室内，正常花粉粒非常少，而败育残片较多。除了表皮，还有多层的细胞构成花药壁，细胞结构完整。此花药发育阶段为花粉成熟期。

 4.4 **花药壁发育的超微结构观测**

花药壁的发育直接关系到花粉的发育进程。有些植物花粉败育的原因是花药壁细胞提前解体，造成花粉减数分裂不能正常完成；有些植物的花药壁中层、绒毡层细胞迟迟不解体，使得花粉在发育过程中营养匮缺而败育（Reznickova et al., 1982；Hess, 1994；Clément et al., 1998）。为了探讨单瓣垂丝海棠花药壁细胞超微结构变化对花粉发育的影响，以花粉发育的各个阶段为时间坐标，详细观察了花药壁在花粉形成过程中的变化。

4.4.1 造孢细胞期

花药原基分化至造孢细胞时，幼花药呈蝶形，每个"蝶形翅膀"为分化中的花粉囊（幼花粉囊）。幼花粉囊由外至内依次为表皮及分化中的多层花药壁细胞（造孢细胞位于中间），外围细胞较为扁平，明显呈同心环状排列，内部是等径的多边形细胞。

这个时期的表皮细胞尚未分化出大液泡，细胞核显著，常位于细胞中央，细胞质中无淀粉粒等储藏物质，细胞壁薄，尚无角质层。表皮以下的多层细胞结合紧密，细胞中所含细胞质浓厚，未见淀粉粒等营养物质，细胞壁薄。药室内壁、中层细胞分化基本完成，中层细胞扁平，径向直径小。中层细胞内侧为发育中的绒毡层细胞，径向直径略大，细胞质浓，细胞核为单核，未表现出典型的绒毡层细胞特征（图4-3中1）。

4.4.2 小孢子母细胞形成期

随着花药壁的发育，表皮细胞液泡化明显，细胞质中淀粉粒增多（图4-3中3）。药室内壁细胞直径增加，形成中央大液泡，细胞质中出现淀粉粒。花药壁的中层为多层细胞，细胞直径在花药壁各壁层细胞中为最小。此时，中层细胞中细胞质丰富，有若干小液泡而无中央大液泡。绒毡层细胞直径增加不明显，细胞液泡化程度低，细胞质中细胞器丰富。

4.4.3 减数分裂期

小孢子母细胞进入减数分裂后，表皮、药室内壁的细胞中均出现中央大液泡，表现出典型成熟植物细胞特征，细胞质中出现大而显著的淀粉颗粒。绒毡层细胞为径向延长的细胞，细胞质密度大，细胞器丰富，线粒体、内质网数量较多。环状片层、小泡也出现在绒毡层细胞（图4-4中3和4，图4-5中1～3）中。

至四分体阶段，表皮细胞和药室内壁细胞的细胞壁加厚，中层细胞的细胞质及营养贮藏物质

（如淀粉粒）相对丰富，未曾表现出解体的迹象（图4-5中4，图4-6中1）。这与正常发育花药发育不同，正常情况下，减数分裂接近完成时，中层细胞解体（Konyar，2017）。

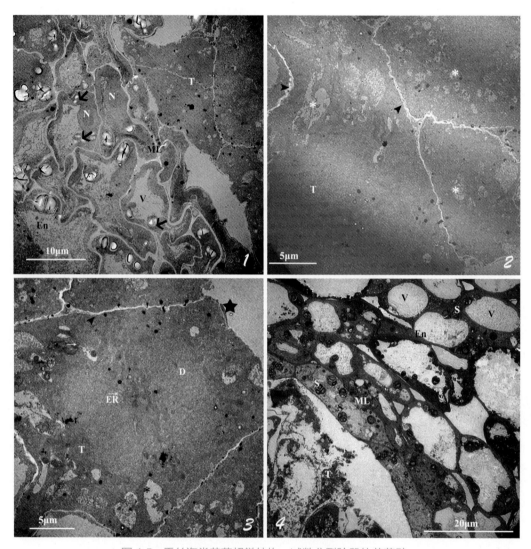

图 4-5　垂丝海棠花药超微结构：减数分裂阶段的花药壁

注：1. 减数分裂阶段的花药壁。药室内壁（En）和中层细胞（ML）中可见大液泡（V），淀粉粒（➜）较为丰富。绒毡层细胞（T）的细胞质电子致密。2、3. 绒毡层（T）放大。绒毡层细胞浓厚的细胞质，小泡数量（*）开始增加，细胞器丰富，有内质网（ER）、高尔基体（D）。径向壁和内切向壁（▶）的电子密度下降。内切向壁出现胞质团（★）。4. 四分体阶段的花药壁。可见多层的药室内壁（En）、中层（ML）。这两类细胞结构完整，仍有淀粉粒（S）

　　我们研究发现，单瓣垂丝海棠花药绒毡层为腺质绒毡层，至四分体阶段，开始分泌少量细胞质团进入花药室（图4-6中2和4）。细胞质中仍有大量的淀粉粒、脂滴等营养物质，内质网发达，核糖体、线粒体、高尔基体等细胞器丰富。有的细胞仍具两个核仁甚至多个核仁。这与正常可育的花药发育过程中，减数分裂接近完成时的绒毡层显著退化显然是不同的（Cortez et al.，2015）。

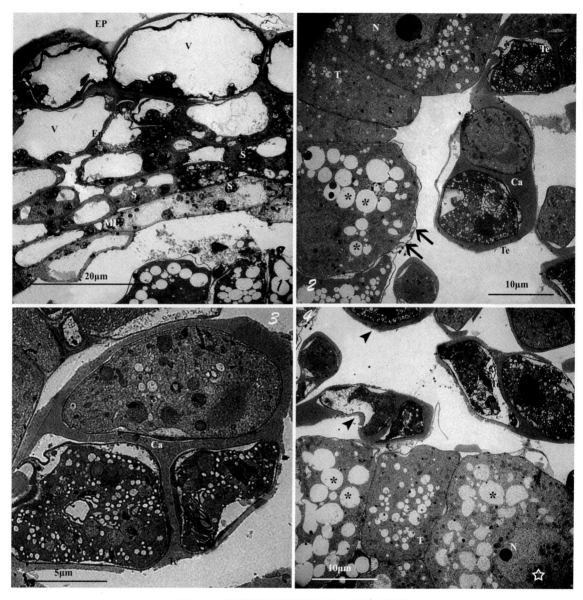

图 4-6　垂丝海棠花药超微结构：四分体阶段

注：1. 四分体阶段的花药壁。表皮（EP）、药室内壁（En）中可见淀粉粒（S）、大液泡（V），中层（ML）未见解体，仍有较为丰富的淀
　　粉粒（S）。2. 绒毡层（T）及四分体（Te）。绒毡层细胞的细胞器丰富，细胞质浓厚，有大量的小泡（*）。内切向壁几乎没有胞质团
　　（➡）。药室内可见四分体（Te）。3. 四分体（Te）的放大。四分体包被在胼胝质（Ca）壁中。细胞质浓厚，细胞器丰富。4. 绒毡层（T）
　　及药室内解体的四分体（▶），以及四分体（Te）。绒毡层细胞中大量的小液泡（*）、脂质体（☆）

4.4.4　花粉成熟期

在花粉成熟阶段，单瓣垂丝海棠花药的表皮细胞和药室内壁细胞的细胞壁明显增厚，中层细胞
开始解体。绒毡层细胞结构较为完整，细胞质及细胞器降解不明显。花药室中，仅有少量细胞质团
（图 4-7 中 1 和 2）。花药开裂阶段，仍然可观察到绒毡层细胞的轮廓。花药室中，仅有少量畸形花
粉（图 4-7 中 3 和 4）。

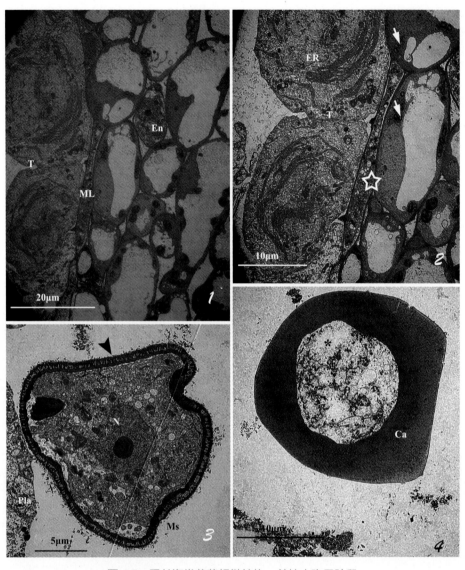

图 4-7　垂丝海棠花药超微结构：单核小孢子阶段

注：1. 单核小孢子阶段的花药壁。药室内壁（En）中可见淀粉粒、大液泡；中层（ML）未见解体，仍有较为丰富的淀粉粒；绒毡层细胞（T）分泌较少的胞质团。2. 绒毡层（T）及中层。绒毡层细胞的细胞质电子密度下降，有大量垛叠的内质网（ER）。内切向壁不明显。中层细胞（☆）的细胞质电子密度致密，仍可见淀粉粒（➡）。3. 单核小孢子（Ms）阶段的花药室局部。单核小孢子的细胞核（N）位于中央，细胞质浓厚，细胞器丰富。外围可见花粉外壁（▶）。4. 药室内仍然被胼胝质包裹的小孢子。其细胞质降解，电子密度稀疏（*）

 4.5 单瓣垂丝海棠花粉败育的解剖学原因

　　植物花粉的败育可发生在雄蕊发育的任何阶段，如起始原基阶段、造孢细胞期、减数分裂期、单核小孢子期等。不同植物花粉败育发生阶段及表现特征不尽相同。绒毡层细胞延迟或提前解体都会导致绒毡层细胞不能分泌胼胝质酶，引起四分体不能离散。同时，中层细胞及绒毡层细胞的不解体，会导致小孢子发育过程中因营养匮乏而败育（Huysmans et al., 1998; Santos et al., 2003; Ku et al., 2003; Shi et al., 2009; Shallari et al., 2010; Wang et al., 2015）。

通过追踪单瓣垂丝海棠花药发育过程的超微结构变化，发现花粉发育到减数分裂后期，出现了异常现象。①花药壁中层细胞解体延迟，直至花粉成熟阶段才发生（图4-7中1和2）；②四分体胼胝质壁不降解，细胞质固缩，细胞核逐渐消失，四分体细胞败育，最终形成了胼胝质壁包裹的中空结构（图4-6中2和4，和图4-7中4）；③小孢子发育畸形（图4-8中1和2），近成熟的花药中，畸形的小孢子具有孢粉素的外壁，但内部电子密度较大，无明显细胞器，萌发沟不规则。

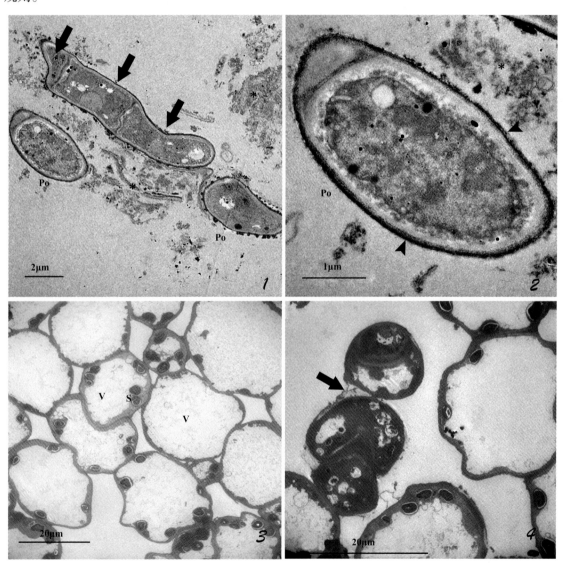

图 4-8 垂丝海棠花药超微结构：成熟花粉阶段

注：1. 在花粉成熟阶段的花药室中，可见到未能完全离散的花粉粒（➡）和离散出来的花粉（Po），稀疏的胞质团（＊）。2. 发育中的花粉粒（Po）。花粉粒的外壁上仅有很少的花粉鞘类物质沉积（▶）。其附近有稀疏的胞质团（＊）。3. 花朵绽放前的花药壁局部。花药壁仅见表皮及多层的药室内壁。药室内壁细胞有明显的大液泡（V）和淀粉粒（S）。4. 药室内降解的花粉粒（➡）

因此，单瓣垂丝海棠的花粉败育可能与花药壁细胞不能正常解体有着密切的关系。

4.6 本章小结

为了探索单瓣垂丝海棠花粉败育的原因，开展了其花粉发育过程中的解剖学观测。采用常规电镜技术，观察了单瓣垂丝海棠的花药和小孢子发育过程的细胞学特征，发现单瓣垂丝海棠花粉败育时期主要发生在小孢子母细胞减数分裂后期及后续阶段。花粉败育的主要原因是在四分体时期，花药壁绒毡层细胞不能正常退化，导致四分体不能正常离散；而中层细胞及绒毡层细胞在四分体时期及后续阶段均未能正常退化或解体，这引起了花粉成熟阶段的营养亏缺，最终导致花粉败育。

第五章

窄叶海棠 (*M. angustifolia*)

花粉粒 P 为（52.11±3.12）μm，E_0 为（26.57±1.82）μm，$E_{1/2}$ 为（21.75±1.39）μm，反映花粉相对大小的 $P×E_0$ 为（1388.51±164.02）μm²；花粉极面观为三裂圆形，赤面观为长球形，P/E_0 为（1.96±0.10），$P/E_{1/2}$ 为（2.40±0.14），$E_{1/2}/E_0$ 为（0.82±0.04）；花粉 RW 为（0.22±0.03）μm，FW 为（0.09±0.03）μm，条脊长且较清晰，分叉少、整齐，纹饰特征为整体单一规则型（WRS，1 1 1）。无穿孔（图 5-1）。

 山荆子 (*M. baccata*)

花粉粒 P 为（46.38±1.28）μm，E_0 为（23.43±0.98）μm，$E_{1/2}$ 为（19.70±0.99）μm，反映花粉相对大小的 $P×E_0$ 为（1087.31±68.07）μm²；花粉极面观为三裂圆形，赤面观为长球形，P/E_0 为（1.98±0.06），$P/E_{1/2}$ 为（2.36±0.12），$E_{1/2}/E_0$ 为（0.84±0.03）；花粉 RW 为（0.18±0.02）μm，FW 为（0.15±0.04）μm，条脊长且清晰，分叉少、整齐，纹饰特征为整体单一规则型（WRS，1 1 1）。PD 为（2.90±1.87）个 /μm²，分布不均匀且主要分布于赤面。穿孔中等（图 5-2）。

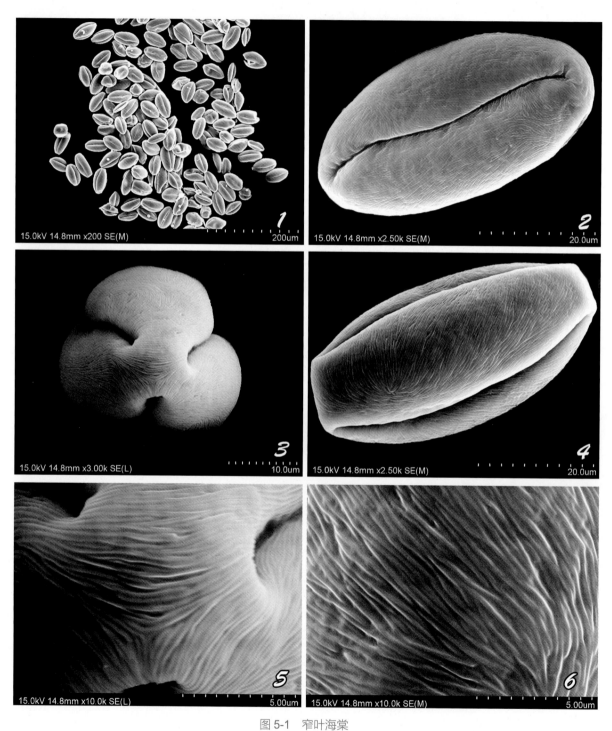

图 5-1　窄叶海棠
1. 群体；2. 赤面单沟；3. 极面观；4. 赤面双沟；5. 极面纹饰；6. 赤面纹饰

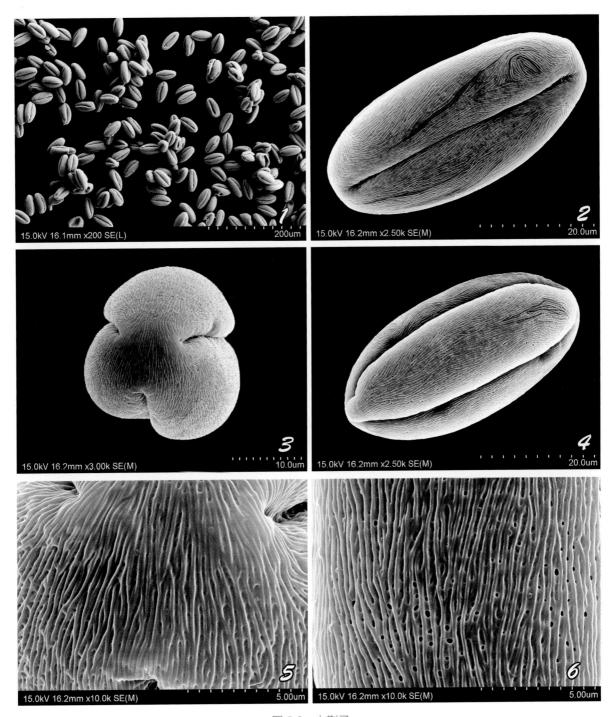

图 5-2　山荆子

1. 群体；2. 赤面单沟；3. 极面观；4. 赤面双沟；5. 极面纹饰；6. 赤面纹饰

3 槟子 (*M. domestica var. binzi*)

花粉粒 P 为（50.99±3.22）μm，E_0 为（25.13±1.56）μm，$E_{1/2}$ 值为（20.10±1.46）μm，反映花粉相对大小的 $P×E_0$ 为（1283.86±145.60）μm²；花粉极面观为三裂圆形，赤面观为长球形，P/E_0 为（2.03±0.12），$P/E_{1/2}$ 为（2.55±0.19），$E_{1/2}/E_0$ 为（0.80±0.04）；花粉 RW 为（0.23±0.02）μm，FW 为（0.13±0.04）μm，条脊长且清晰，分叉少、整齐，纹饰特征为整体单一规则型（WRS，1 1 1）。无穿孔（图5-3）。

4 日本海棠 (*M. floribunda*)

花粉粒 P 为（48.02±1.18）μm，E_0 为（24.32±1.34）μm，$E_{1/2}$ 为（20.54±0.98）μm，反映花粉相对大小的 $P×E_0$ 为（1167.78±72.65）μm²；花粉极面观为三裂圆形，赤面观为长球形，P/E_0 为（1.98±0.12），$P/E_{1/2}$ 为（2.34±0.14），$E_{1/2}/E_0$ 为（0.85±0.03）；花粉 RW 为（0.15±0.01）μm，FW 为（0.13±0.05）μm，条脊较长且清晰，分叉少、整齐，纹饰特征为整体单一规则型（WRS，1 1 1）。PD 为（3.92±1.65）个 /μm²，分布均匀。穿孔中等（图5-4）。

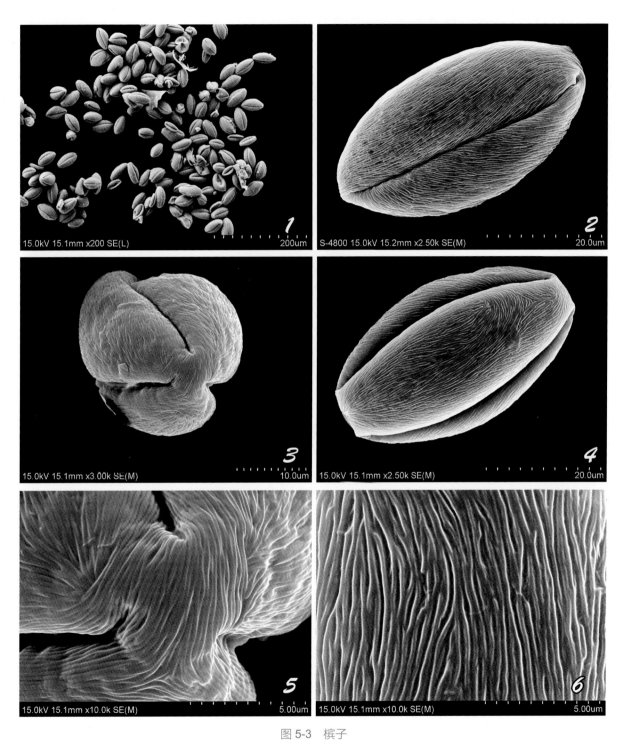

图 5-3　槟子

1. 群体；2. 赤面单沟；3. 极面观；4. 赤面双沟；5. 极面纹饰；6. 赤面纹饰

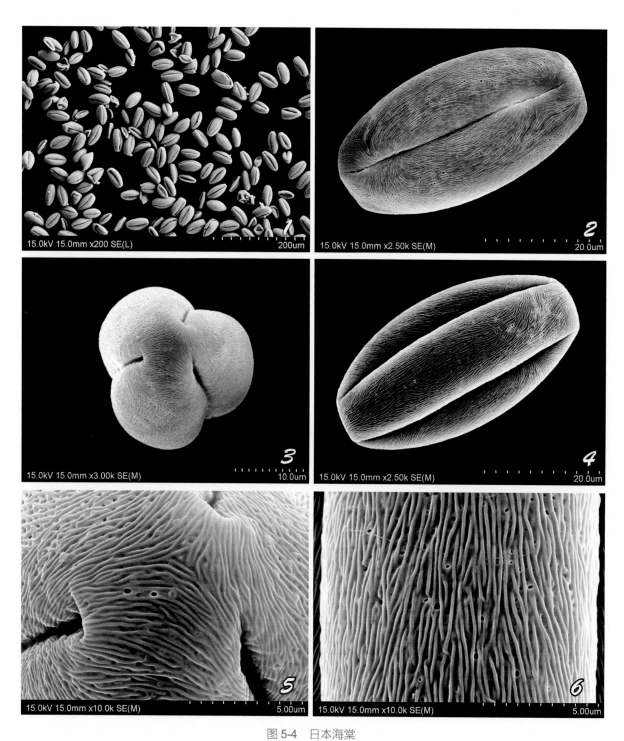

图 5-4 日本海棠

1. 群体；2. 赤面单沟；3. 极面观；4. 赤面双沟；5. 极面纹饰；6. 赤面纹饰

褐海棠 (*M. fusca*)

花粉粒 P 为（46.87±1.59）μm，E_0 为（23.65±0.93）μm，$E_{1/2}$ 为（19.53±0.82）μm，反映花粉相对大小的 $P×E_0$ 为（1109.04±67.05）μm²；花粉极面观为三裂圆形，赤面观为长球形，P/E_0 为（1.98±0.08），$P/E_{1/2}$ 为（2.40±0.09），$E_{1/2}/E_0$ 为（0.83±0.03）；花粉 RW 为（0.16±0.01）μm，FW 为（0.15±0.06）μm，条脊长且清晰，分叉少、较整齐，纹饰特征为整体单一规则型（WRS，1 1 1）。PD 为（2.82±2.65）个 /μm²，分布不均匀且萌发沟两侧较多。穿孔中等（图 5-5）。

河南海棠 (*M. honanensis*)

花粉粒 P 为（29.44±2.66）μm，E_0 为（24.23±1.53）μm，$E_{1/2}$ 为（18.45±1.46）μm，反映花粉相对大小的 $P×E_0$ 为（714.48±86.98）μm²；花粉极面观为三裂圆形，赤面观为长球形，P/E_0 为（1.22±0.12），$P/E_{1/2}$ 为（1.60±0.11），$E_{1/2}/E_0$ 为（0.76±0.06）；花粉 RW 为（0.25±0.04）μm，FW 为（0.05±0.02）μm，条脊长且较清晰，分叉多、整齐，纹饰特征为整体单一规则型（WRS，1 1 1）。PD 为（0.52±0.52）个 /μm²，分布不均匀且萌发沟两侧较多。穿孔小（图 5-6）。

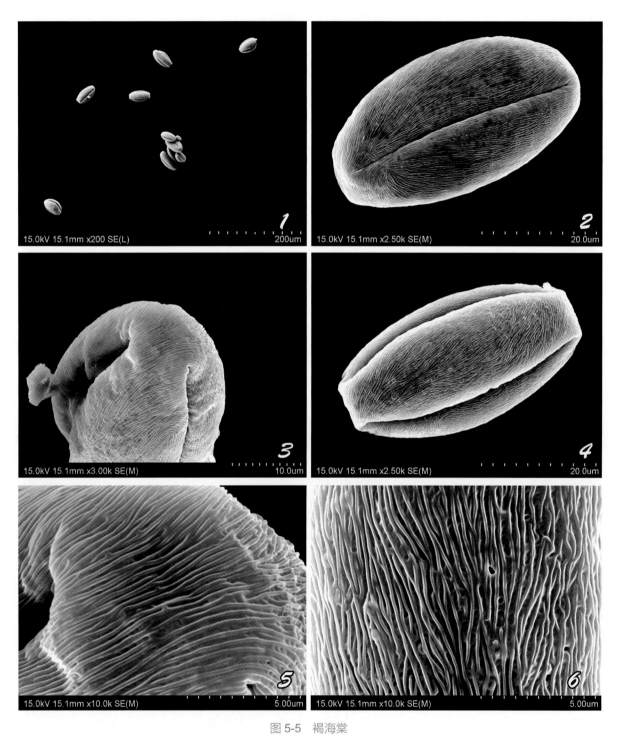

图 5-5　褐海棠

1. 群体；2. 赤面单沟；3. 极面观；4. 赤面双沟；5. 极面纹饰；6. 赤面纹饰

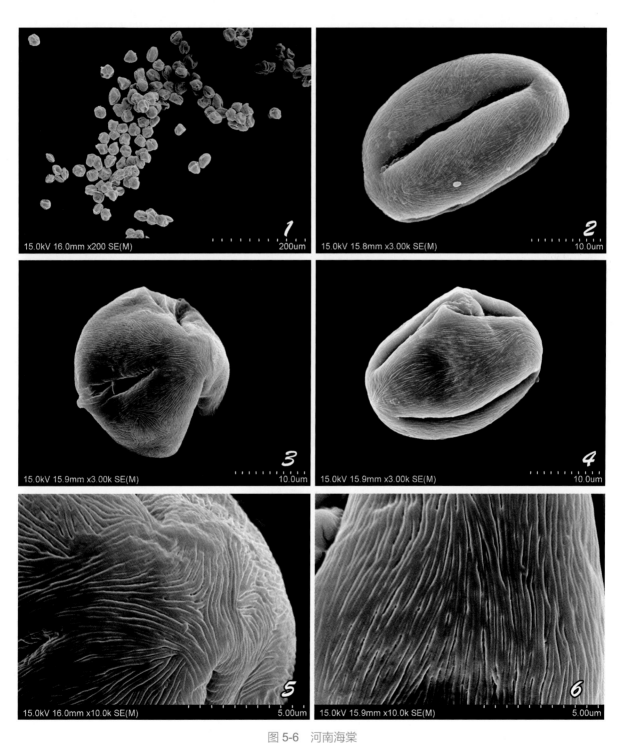

图 5-6　河南海棠

1. 群体；2. 赤面单沟；3. 极面观；4. 赤面双沟；5. 极面纹饰；6. 赤面纹饰

7 草原海棠 (*M. ioensis*)

花粉粒 P 为（51.06±1.80）μm，E_0 为（24.68±1.04）μm，$E_{1/2}$ 为（20.82±1.20）μm，反映花粉相对大小的 $P \times E_0$ 为（1260.40±73.88）μm²；花粉极面观为三裂圆形，赤面观为长球形，P/E_0 为（2.07±0.10），$P/E_{1/2}$ 为（2.46±0.15），$E_{1/2}/E_0$ 为（0.84±0.03）；花粉 RW 为（0.23±0.03）μm，FW 为（0.10±0.04）μm，条脊长且较清晰，分叉少、整齐，纹饰特征为整体单一规则型（WRS，1 1 1）。无穿孔（图 5-7）。

8 毛山荆子 (*M. mandshurica*)

花粉粒 P 为（45.05±2.51）μm，E_0 为（24.63±1.92）μm，$E_{1/2}$ 为（21.14±1.76）μm，反映花粉相对大小的 $P \times E_0$ 为（1111.60±127.69）μm²；花粉极面观为三裂圆形，赤面观为长球形，P/E_0 为（1.84±0.14），$P/E_{1/2}$ 为（2.14±0.14），$E_{1/2}/E_0$ 为（0.86±0.05）；花粉 RW 为（0.20±0.02）μm，FW 为（0.07±0.03）μm，条脊较长且清晰，分叉少、较整齐，纹饰特征为整体单一规则型（WRS，1 1 1）。PD 为（0.22±0.27）个 /μm²，分布均匀。穿孔小（图 5-8）。

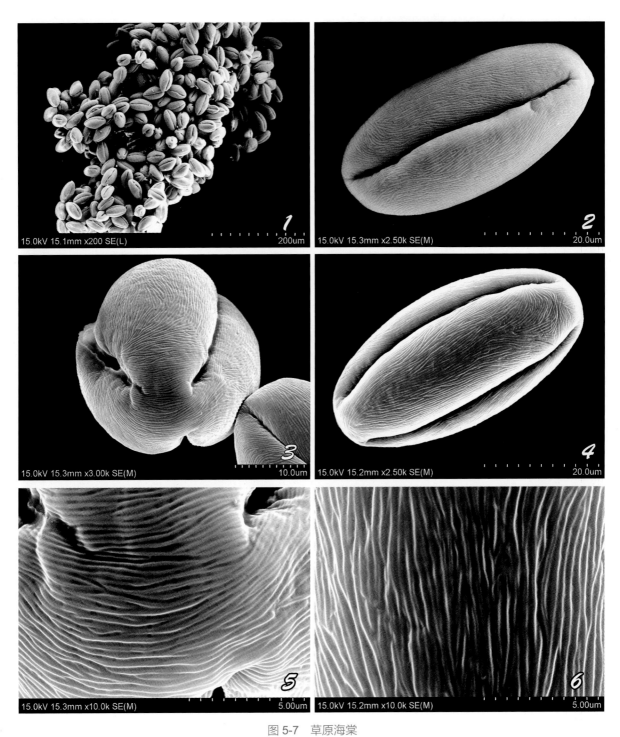

图 5-7　草原海棠
1. 群体；2. 赤面单沟；3. 极面观；4. 赤面双沟；5. 极面纹饰；6. 赤面纹饰

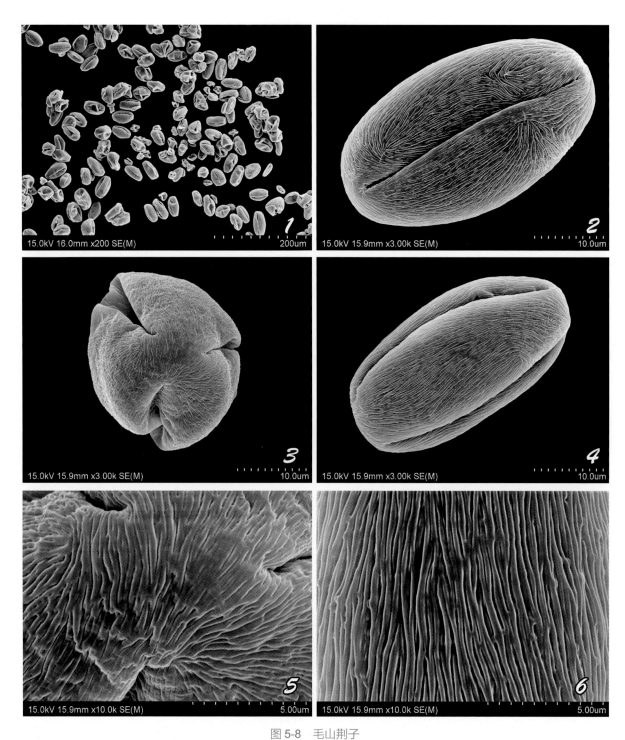

图 5-8　毛山荆子

1. 群体；2. 赤面单沟；3. 极面观；4. 赤面双沟；5. 极面纹饰；6. 赤面纹饰

9 西府海棠 (*M. micromalus*)

花粉粒 P 为（43.80±2.18）μm，E_0 为（24.56±2.04）μm，$E_{1/2}$ 为（20.62±1.64）μm，反映花粉相对大小的 $P×E_0$ 为（1077.07±118.93）μm²；花粉极面观为三裂圆形，赤面观为长球形，P/E_0 为（1.79±0.14），$P/E_{1/2}$ 为（2.13±0.17），$E_{1/2}/E_0$ 为（0.84±0.05）；花粉 RW 为（0.16±0.01）μm，FW 为（0.10±0.04）μm，条脊长且清晰，分叉少、整齐，纹饰特征为整体单一规则型（WRS，1 1 1）。PD 为（5.48±1.39）个 /μm²，分布均匀。穿孔小（图 5-9）。

10 红肉苹果 (*M. neidzwetzkyana*)

花粉粒 P 为（41.60±1.50）μm，E_0 为（21.83±1.15）μm，$E_{1/2}$ 为（18.27±1.03）μm，反映花粉相对大小的 $P×E_0$ 为（908.71±64.22）μm²；花粉极面观为三裂圆形，赤面观为长球形，P/E_0 为（1.91±0.11），$P/E_{1/2}$ 为（2.28±0.14），$E_{1/2}/E_0$ 为（0.84±0.04）；花粉 RW 为（0.17±0.03）μm，FW 为（0.10±0.03）μm，条脊长且清晰，分叉少、整齐，纹饰特征为整体单一规则型（WRS，1 1 1）。PD 为（0.94±0.60）个 /μm²，分布不均匀且萌发沟两侧较多。穿孔小（图 5-10）。

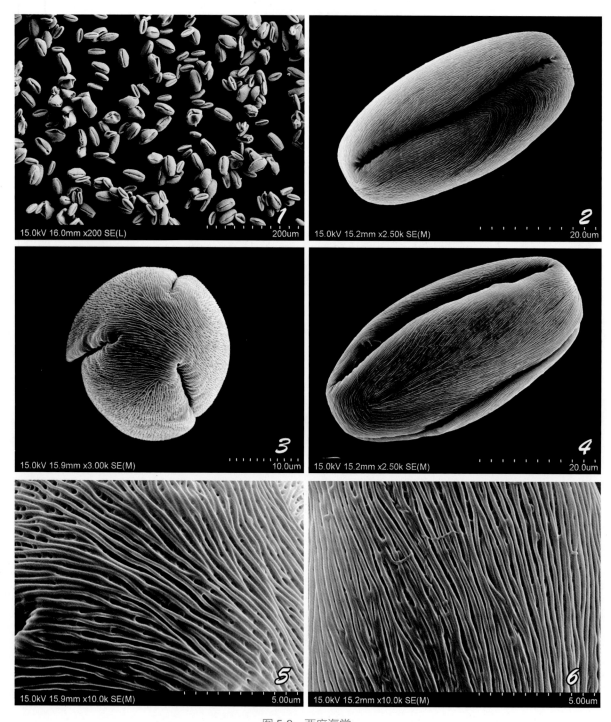

图 5-9 西府海棠

1. 群体；2. 赤面单沟；3. 极面观；4. 赤面双沟；5. 极面纹饰；6. 赤面纹饰

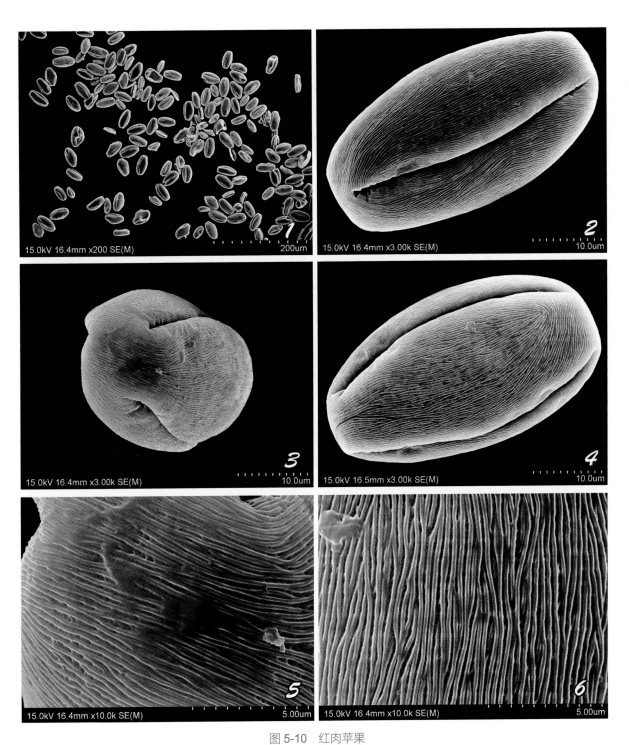

图 5-10　红肉苹果

1. 群体；2. 赤面单沟；3. 极面观；4. 赤面双沟；5. 极面纹饰；6. 赤面纹饰

11 沧江海棠 (*M. ombrophila*)

花粉粒 P 为（42.79±2.05）μm，E_0 为（22.61±1.21）μm，$E_{1/2}$ 为（19.21±1.36）μm，反映花粉相对大小的 $P×E_0$ 为（967.76±77.18）μm²；花粉极面观为三裂圆形，赤面观为长球形，P/E_0 为（1.90±0.12），$P/E_{1/2}$ 为（2.23±0.15），$E_{1/2}/E_0$ 为（0.85±0.06）； 花 粉 RW 为（0.23±0.02）μm，FW 为（0.15±0.05）μm，条脊短且较清晰，分叉少、较整齐，纹饰特征为局部单一规则型（PRS，1 0 1）。无穿孔（图5-11）。

12 扁果海棠 (*M. platycarpa*)

花粉粒 P 为（48.53±1.86）μm，E_0 为（24.38±1.43）μm，$E_{1/2}$ 为（19.91±1.19）μm，反映花粉相对大小的 $P×E_0$ 为（1184.46±98.72）μm²；花粉极面观为三裂圆形，赤面观为长球形，P/E_0 为（1.99±0.11），$P/E_{1/2}$ 为（2.44±0.14），$E_{1/2}/E_0$ 为（0.82±0.04）；花粉 RW 为（0.20±0.03）μm，FW 为（0.05±0.02）μm，条脊长且清晰，分叉少、整齐，纹饰特征为整体单一规则型（WRS，1 1 1）。无穿孔（图5-12）。

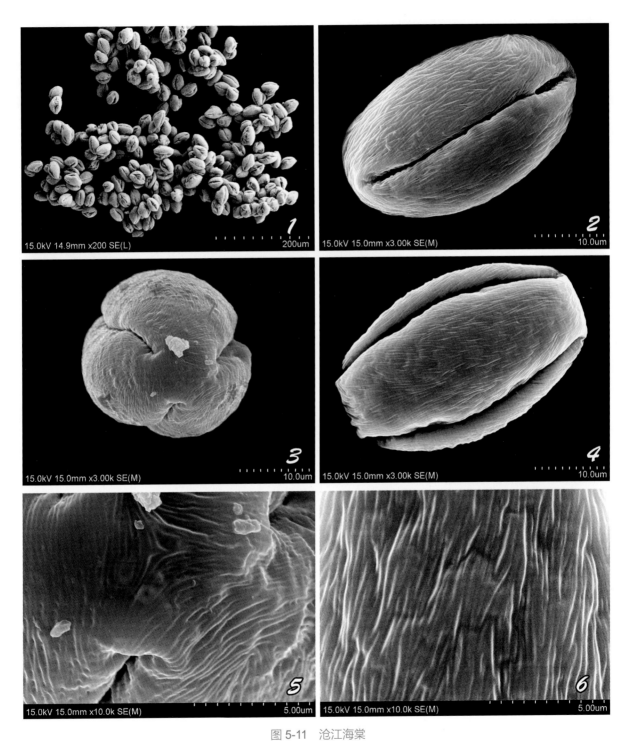

图 5-11 沧江海棠
1. 群体；2. 赤面单沟；3. 极面观；4. 赤面双沟；5. 极面纹饰；6. 赤面纹饰

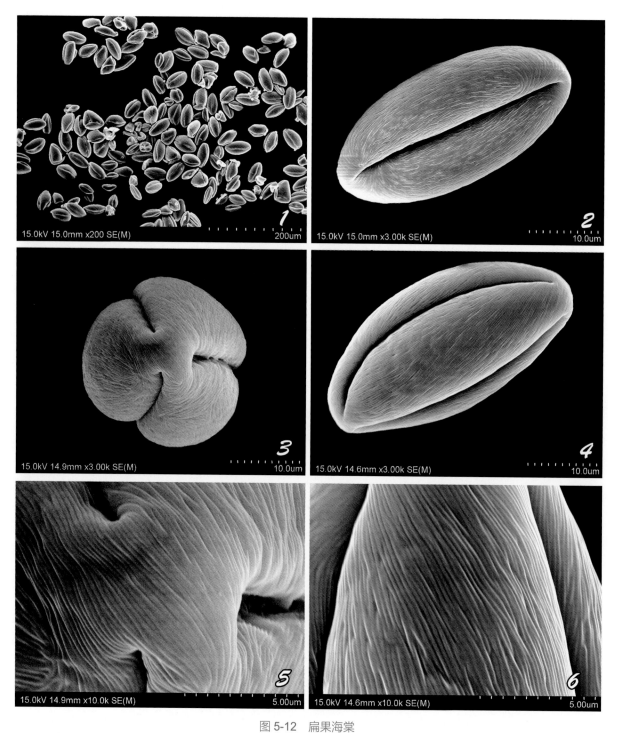

图 5-12　扁果海棠

1. 群体；2. 赤面单沟；3. 极面观；4. 赤面双沟；5. 极面纹饰；6. 赤面纹饰

13 楸子 (*M. prunifolia*)

花粉粒 P 为（48.60 ± 1.98）μm，E_0 为（24.22 ± 1.75）μm，$E_{1/2}$ 为（19.76 ± 1.38）μm，反映花粉相对大小的 $P\times E_0$ 为（1176.79 ± 94.05）μm^2；花粉极面观为三裂圆形，赤面观为长球形，P/E_0 为（2.02 ± 0.18），$P/E_{1/2}$ 为（2.47 ± 0.20），$E_{1/2}/E_0$ 为（0.82 ± 0.03）；花粉 RW 为（0.18 ± 0.04）μm，FW 为（0.09 ± 0.02）μm，条脊长且较清晰，分叉少、整齐，纹饰特征为整体单一规则型（WRS，1 1 1）。PD 为（0.30 ± 0.31）个 /μm^2，分布均匀。穿孔小（图 5-13）。

14 苹果 (*M. pumila*)

花粉粒 P 为（45.54 ± 1.33）μm，E_0 为（22.48 ± 1.00）μm，$E_{1/2}$ 为（18.98 ± 0.91）μm，反映花粉相对大小的 $P\times E_0$ 为（1024.16 ± 57.63）μm^2；花粉极面观为三裂圆形，赤面观为长球形，P/E_0 为（2.03 ± 0.10），$P/E_{1/2}$ 为（2.40 ± 0.12），$E_{1/2}/E_0$ 为（0.84 ± 0.03）；花粉 RW 为（0.18 ± 0.02）μm，FW 为（0.18 ± 0.05）μm，条脊长且清晰，分叉较多、整齐，纹饰特征为整体单一规则型（WRS，1 1 1）。PD 为（1.33 ± 0.82）个 /μm^2，分布均匀。穿孔小（图 5-14）。

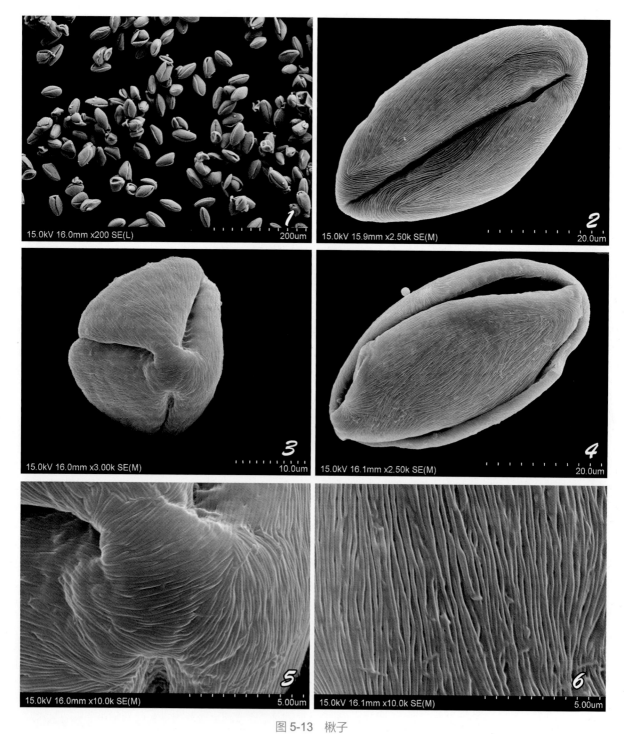

图 5-13　楸子

1. 群体；2. 赤面单沟；3. 极面观；4. 赤面双沟；5. 极面纹饰；6. 赤面纹饰

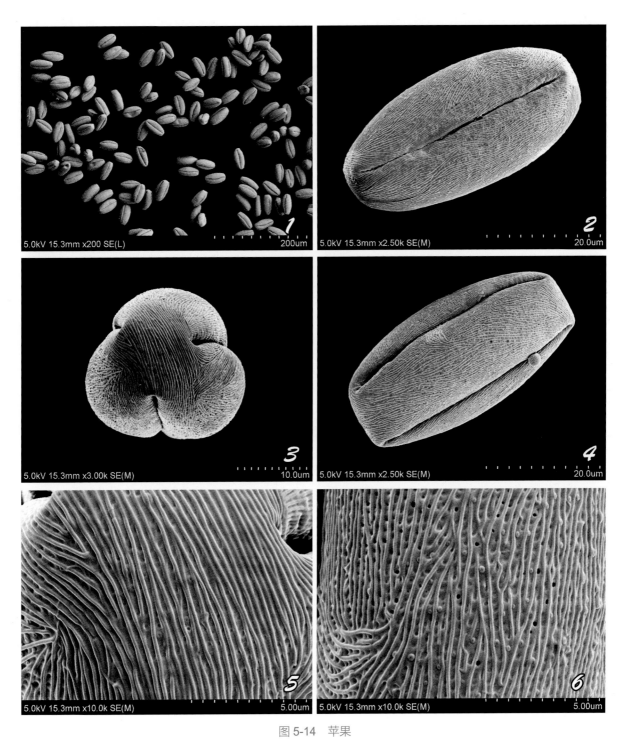

图 5-14 苹果

1. 群体；2. 赤面单沟；3. 极面观；4. 赤面双沟；5. 极面纹饰；6. 赤面纹饰

15 八棱海棠 (*M. robusta*)

花粉粒 P 为（43.89±1.48）μm，E_0 为（22.56±1.40）μm，$E_{1/2}$ 为（19.46±1.12）μm，反映花粉相对大小的 $P×E_0$ 为（991.50±85.12）μm²；花粉极面观为三裂圆形，赤面观为长球形，P/E_0 为（1.95±0.10），$P/E_{1/2}$ 为（2.26±0.11），$E_{1/2}/E_0$ 为（0.86±0.03）；花粉 RW 为（0.19±0.02）μm，FW 为（0.08±0.02）μm，条脊长且清晰，分叉少、整齐，纹饰特征为整体单一规则型（WRS，1 1 1）。PD 为（0.31±0.36）个 /μm²，分布不均匀且主要分布于赤面。穿孔小（图 5-15）。

16 丽江山荆子 (*M. rockii*)

花粉粒 P 为（48.93±2.33）μm，E_0 为（24.56±1.49）μm，$E_{1/2}$ 为（20.84±1.17）μm，反映花粉相对大小的 $P×E_0$ 为（1202.43±101.29）μm²；花粉极面观为三裂圆形，赤面观为长球形，P/E_0 为（2.00±0.14），$P/E_{1/2}$ 为（2.35±0.15），$E_{1/2}/E_0$ 为（0.85±0.04）；花粉 RW 为（0.15±0.01）μm，FW 为（0.11±0.03）μm，条脊长且清晰，分叉多、较整齐，纹饰特征为整体单一规则型（WRS，1 1 1）。PD 为（5.62±3.72）个 /μm²，分布不均匀且主要分布于赤面。穿孔中等（图 5-16）。

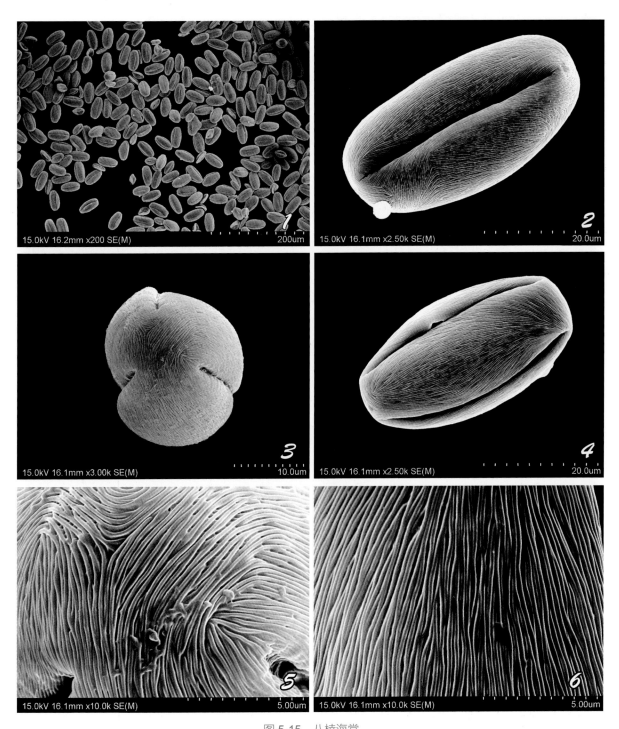

图 5-15 八棱海棠
1. 群体；2. 赤面单沟；3. 极面观；4. 赤面双沟；5. 极面纹饰；6. 赤面纹饰

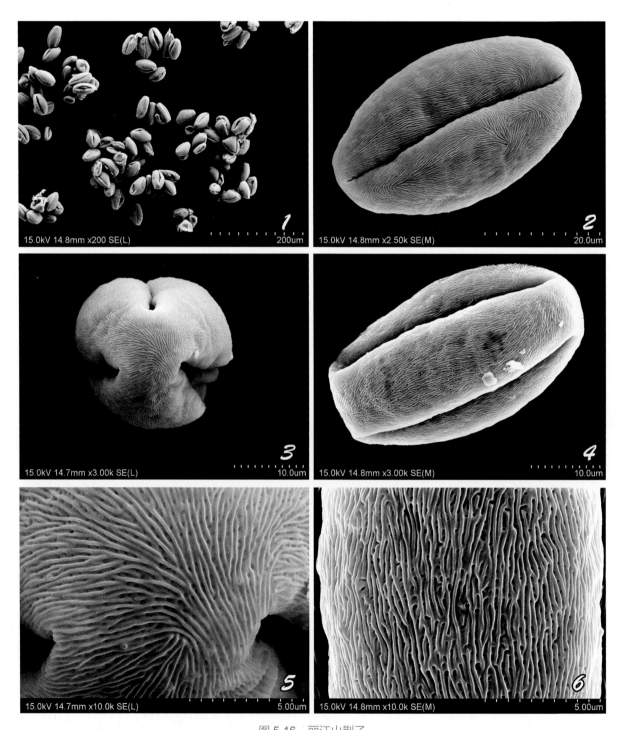

图 5-16　丽江山荆子

1. 群体；2. 赤面单沟；3. 极面观；4. 赤面双沟；5. 极面纹饰；6. 赤面纹饰

17 新疆野苹果 (*M. sieversii*)

花粉粒 P 为（41.97±2.27）μm，E_0 为（24.58±1.44）μm，$E_{1/2}$ 为（20.55±1.22）μm，反映花粉相对大小的 $P \times E_0$ 为（1032.96±99.48）μm^2；花粉极面观为三裂圆形，赤面观为长球形，P/E_0 为（1.71±0.10），$P/E_{1/2}$ 为（2.05±0.14），$E_{1/2}/E_0$ 为（0.84±0.03）；花粉 RW 为（0.17±0.01）μm，FW 为（0.12±0.05）μm，条脊长且清晰，分叉少、整齐，纹饰特征为整体单一规则型（WRS，1 1 1）。PD 为（1.16±1.15）个 /μm^2，分布不均匀且萌发沟两侧较多。穿孔小（图 5-17）。

18 海棠花 (*M. spectabilis*)

花粉粒 P 为（35.32±2.46）μm，E_0 为（24.34±1.73）μm，$E_{1/2}$ 为（18.63±1.71）μm，反映花粉相对大小的 $P \times E_0$ 为（860.05±87.04）μm^2；花粉极面观为三裂圆形，赤面观为长球形，P/E_0 为（1.46±0.14），$P/E_{1/2}$ 为（1.91±0.17），$E_{1/2}/E_0$ 为（0.77±0.06）；花粉 RW 为（0.16±0.02）μm，FW 为（0.04±0.01）μm，条脊长且较清晰，分叉少、整齐，纹饰特征为整体单一规则型（WRS，1 1 1）。无穿孔（图 5-18）。

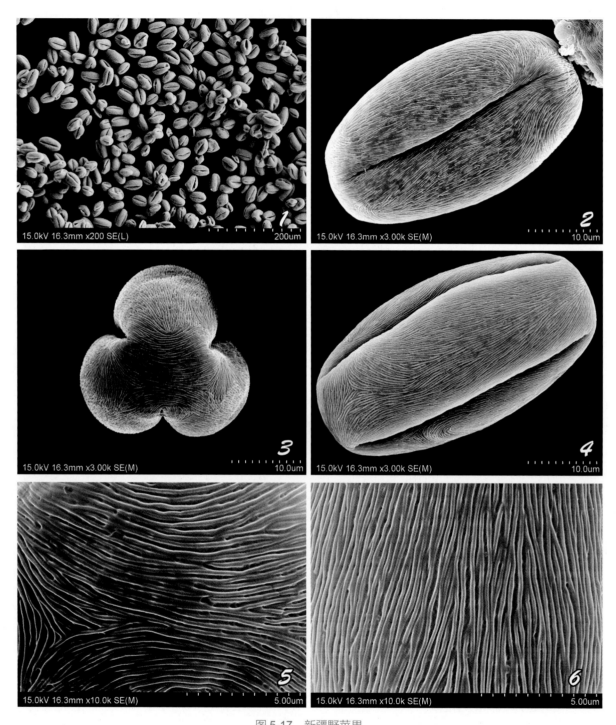

图 5-17　新疆野苹果

1. 群体；2. 赤面单沟；3. 极面观；4. 赤面双沟；5. 极面纹饰；6. 赤面纹饰

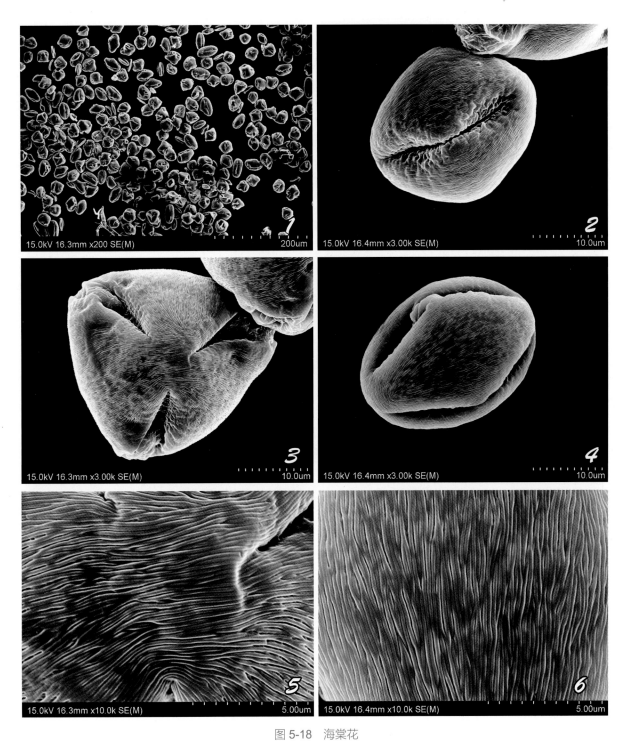

图 5-18　海棠花

1. 群体；2. 赤面单沟；3. 极面观；4. 赤面双沟；5. 极面纹饰；6. 赤面纹饰

19 森林苹果 (*M. sylvestris*)

花粉粒 P 为（43.98±1.13）μm，E_0 为（21.61±1.11）μm，$E_{1/2}$ 为（18.19±1.04）μm，反映花粉相对大小的 $P \times E_0$ 为（950.26±55.19）μm²；花粉极面观为三裂圆形，赤面观为长球形，P/E_0 为（2.04±0.11），$P/E_{1/2}$ 为（2.43±0.15），$E_{1/2}/E_0$ 为（0.84±0.04）；花粉 RW 为（0.17±0.03）μm，FW 为（0.07±0.02）μm，条脊较长且较清晰，分叉多、整齐，纹饰特征为整体单一规则型（WRS，1 1 1）。PD 为（2.88±2.95）个/μm²，分布不均匀且萌发沟两侧较多。穿孔小（图 5-19）。

20 变叶海棠 (*M. toringoides*)

花粉粒 P 为（39.21±2.44）μm，E_0 为（23.42±1.12）μm，$E_{1/2}$ 为（18.72±1.06）μm，反映花粉相对大小的 $P \times E_0$ 为（918.73±79.25）μm²；花粉极面观为三裂圆形，赤面观为长球形，P/E_0 为（1.68±0.12），$P/E_{1/2}$ 为（2.10±0.12），$E_{1/2}/E_0$ 为（0.80±0.04）；花粉 RW 为（0.19±0.02）μm，FW 为（0.14±0.04）μm，条脊长且清晰，分叉少、较整齐，纹饰特征为整体单一规则型（WRS，1 1 1）。PD 为（4.29±0.75）个/μm²，分布均匀。穿孔大（图 5-20）。

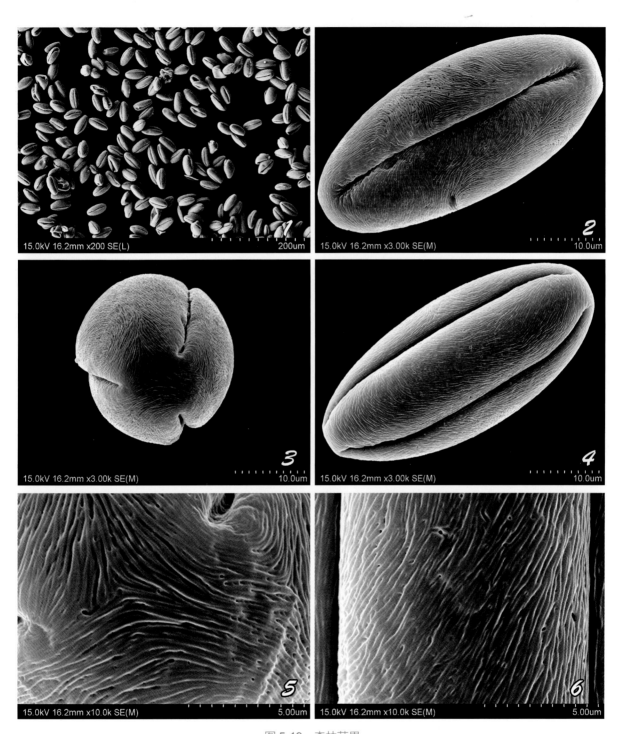

图 5-19 森林苹果
1. 群体；2. 赤面单沟；3. 极面观；4. 赤面双沟；5. 极面纹饰；6. 赤面纹饰

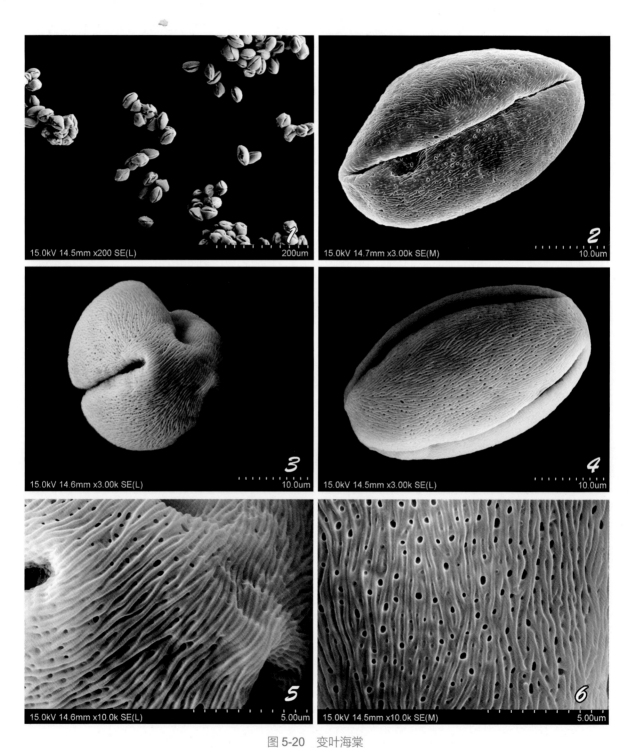

图 5-20　变叶海棠

1. 群体；2. 赤面单沟；3. 极面观；4. 赤面双沟；5. 极面纹饰；6. 赤面纹饰

21 乔劳斯基 (*M. tschonoskii*)

　　花粉粒 P 为（48.30±2.39）μm，E_0 为（24.17±1.05）μm，$E_{1/2}$ 为（20.63±1.06）μm，反映花粉相对大小的 $P×E_0$ 为（1168.01±86.69）μm²；花粉极面观为三裂圆形，赤面观为长球形，P/E_0 为（2.00±0.11），$P/E_{1/2}$ 为（2.34±0.12），$E_{1/2}/E_0$ 为（0.85±0.03）；花粉 RW 为（0.21±0.02）μm，FW 为（0.12±0.06）μm，条脊长且清晰，分叉多、较整齐，纹饰特征为整体单一规则型（WRS，1 1 1）。PD 为（0.72±0.88）个 /μm²，分布不均匀且主要分布于赤面。穿孔小（图 5-21）。

22 土库曼苹果 (*M. turkmenorum*)

　　花粉粒 P 为（49.06±2.59）μm，E_0 为（25.13±1.72）μm，$E_{1/2}$ 为（21.07±1.54）μm，反映花粉相对大小的 $P×E_0$ 为（1234.86±122.62）μm²；花粉极面观为三裂圆形，赤面观为长球形，P/E_0 为（1.96±0.13），$P/E_{1/2}$ 为（2.34±0.18），$E_{1/2}/E_0$ 为（0.84±0.03）；花粉 RW 为（0.23±0.02）μm，FW 为（0.14±0.05）μm，条脊较长且清晰，分叉少、较整齐，纹饰特征为整体非单一规则型（WRM，1 1 0）。无穿孔（图 5-22）。

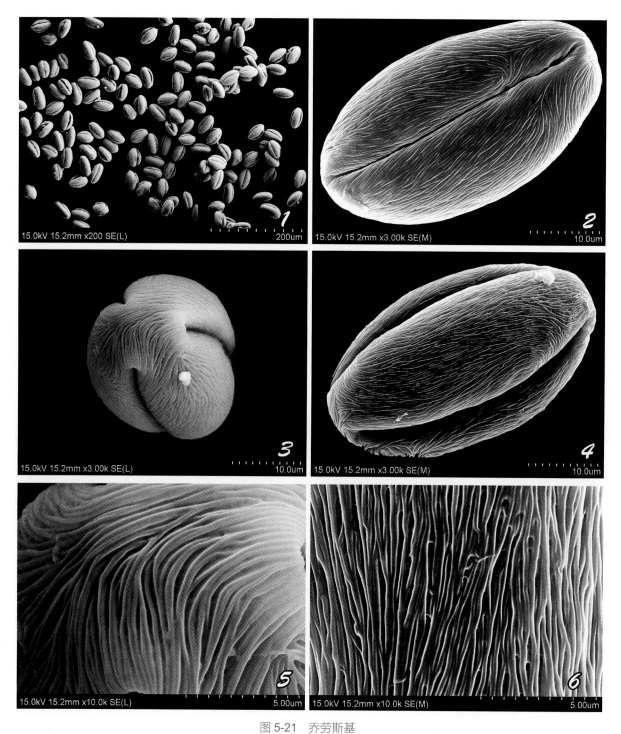

图 5-21 乔劳斯基

1. 群体；2. 赤面单沟；3. 极面观；4. 赤面双沟；5. 极面纹饰；6. 赤面纹饰

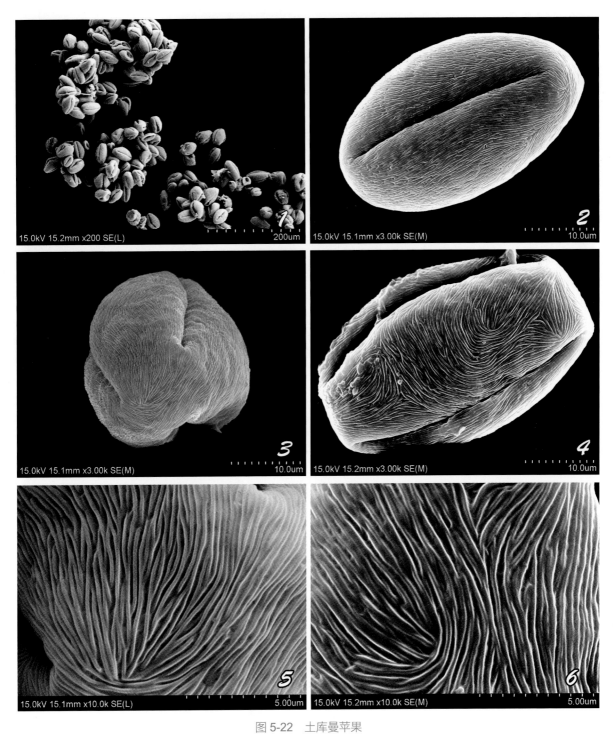

图 5-22　土库曼苹果
1. 群体；2. 赤面单沟；3. 极面观；4. 赤面双沟；5. 极面纹饰；6. 赤面纹饰

23 滇池海棠 (*M. yunnanensis*)

花粉粒 P 为（43.83±2.68）μm，E_0 为（23.48±1.40）μm，$E_{1/2}$ 为（19.52±1.42）μm，反映花粉相对大小的 $P×E_0$ 为（1030.00±97.27）μm²；花粉极面观为三裂圆形，赤面观为长球形，P/E_0 为（1.87±0.14），$P/E_{1/2}$ 为（2.25±0.19），$E_{1/2}/E_0$ 为（0.83±0.05）；花粉 RW 为（0.21±0.02）μm，FW 为（0.17±0.05）μm，条脊长且清晰，分叉多、较整齐，纹饰特征为整体单一规则型（WRS，1 1 1）。PD 为（3.01±1.92）个/μm²，分布不均匀且主要分布于赤面。穿孔大（图 5-23）。

24 丰花 (*M. 'Abundance'*)

花粉粒 P 为（44.95±1.69）μm，E_0 为（22.32±1.30）μm，$E_{1/2}$ 为（19.07±1.17）μm，反映花粉相对大小的 $P×E_0$ 为（1004.62±89.51）μm²；花粉极面观为三裂圆形，赤面观为长球形，P/E_0 为（2.02±0.08），$P/E_{1/2}$ 为（2.36±0.13），$E_{1/2}/E_0$ 为（0.85±0.04）；花粉 RW 为（0.17±0.02）μm，FW 为（0.09±0.03）μm，条脊长且清晰，分叉多、较整齐，纹饰特征为整体非单一规则型（WRM，1 1 0）。PD 为（0.83±0.94）个/μm²，分布不均匀且主要分布于赤面。穿孔小（图 5-24）。

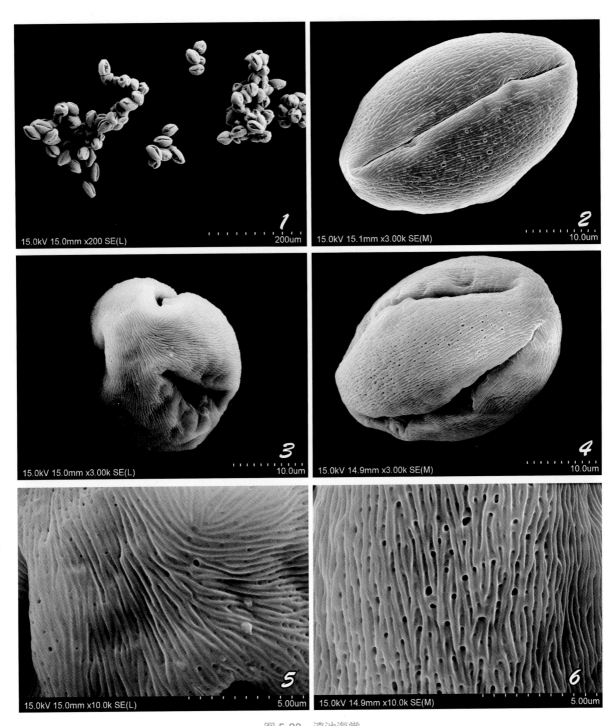

图 5-23　滇池海棠
1. 群体；2. 赤面单沟；3. 极面观；4. 赤面双沟；5. 极面纹饰；6. 赤面纹饰

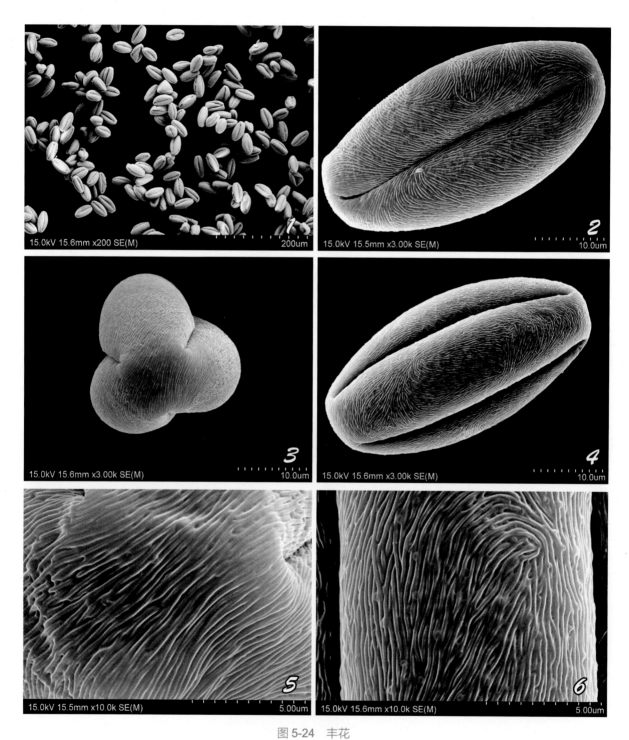

图 5-24　丰花

1. 群体；2. 赤面单沟；3. 极面观；4. 赤面双沟；5. 极面纹饰；6. 赤面纹饰

25 亚当斯 (*M. 'Adams'*)

花粉粒 P 为（44.64±1.44）μm，E_0 为（22.87±1.28）μm，$E_{1/2}$ 为（19.50±1.24）μm，反映花粉相对大小的 $P \times E_0$ 为（1021.02±69.31）μm²；花粉极面观为三裂圆形，赤面观为长球形，P/E_0 为（1.96±0.12），$P/E_{1/2}$ 为（2.30±0.15），$E_{1/2}/E_0$ 为（0.85±0.03）；花粉 RW 为（0.15±0.01）μm，FW 为（0.16±0.04）μm，条脊长且清晰，分叉少、较整齐，纹饰特征为整体非单一规则型（WRM，1 1 0）。PD 为（6.13±4.33）个/μm²，分布不均匀且萌发沟两侧较多。穿孔中等（图 5-25）。

26 阿美 (*M. 'Almey'*)

花粉粒 P 为（48.82±1.59）μm，E_0 为（24.48±0.81）μm，$E_{1/2}$ 为（20.66±0.91）μm，反映花粉相对大小的 $P \times E_0$ 为（1195.22±61.14）μm²；花粉极面观为三裂圆形，赤面观为长球形，P/E_0 为（2.00±0.08），$P/E_{1/2}$ 为（2.37±0.12），$E_{1/2}/E_0$ 为（0.84±0.03）；花粉 RW 为（0.18±0.02）μm，FW 为（0.12±0.03）μm，条脊长且清晰，分叉少、整齐，纹饰特征为整体单一规则型（WRS，1 1 1）。PD 为（3.14±1.35）个/μm²，分布均匀。穿孔小（图 5-26）。

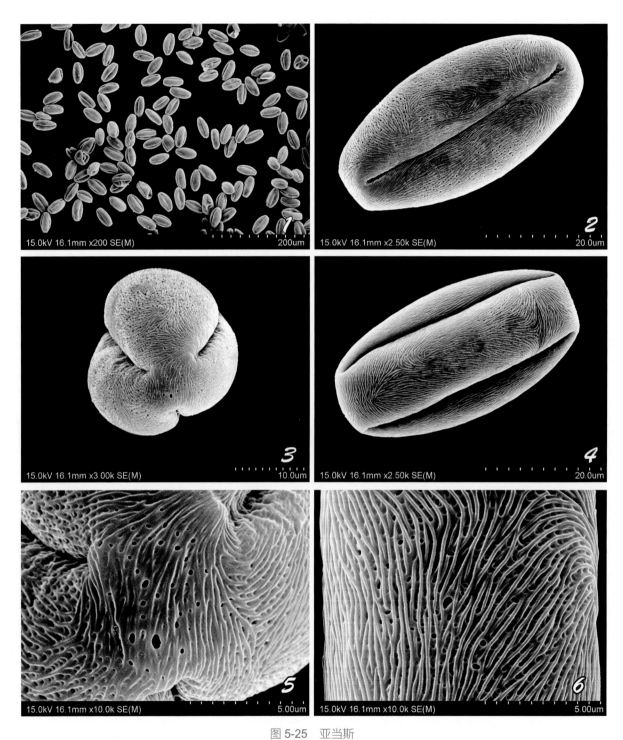

图 5-25 亚当斯
1. 群体；2. 赤面单沟；3. 极面观；4. 赤面双沟；5. 极面纹饰；6. 赤面纹饰

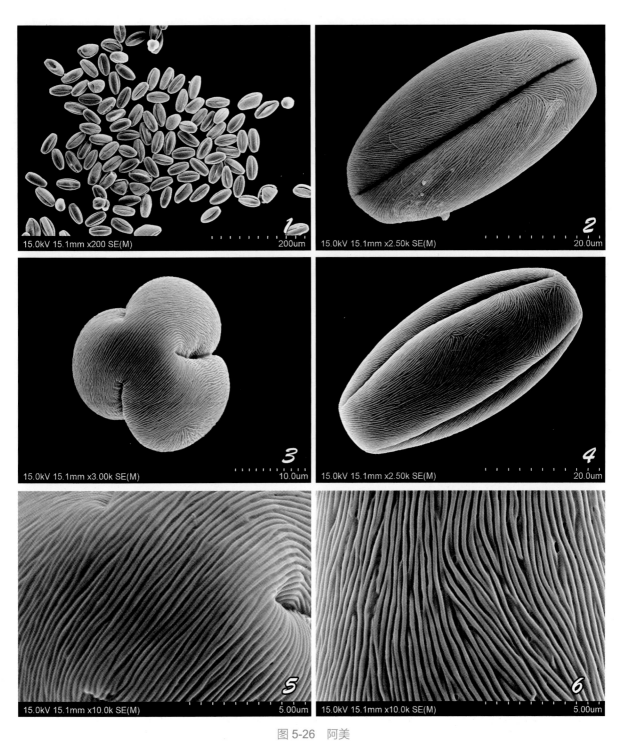

图 5-26　阿美

1. 群体；2. 赤面单沟；3. 极面观；4. 赤面双沟；5. 极面纹饰；6. 赤面纹饰

27　芭蕾舞 (*M.* 'Ballet')

花粉粒 P 为（42.45±1.67）µm，E_0 为（24.07±1.65）µm，$E_{1/2}$ 为（19.40±1.26）µm，反映花粉相对大小的 $P \times E_0$ 为（1022.38±88.26）µm²；花粉极面观为三裂圆形，赤面观为长球形，P/E_0 为（1.77±0.12），$P/E_{1/2}$ 为（2.20±0.15），$E_{1/2}/E_0$ 为（0.81±0.05）；花粉 RW 为（0.15±0.02）µm，FW 为（0.11±0.04）µm，条脊较长且清晰，分叉多、整齐，纹饰特征为整体单一规则型（WRS，1 1 1）。PD 为（0.63±0.51）个 /µm²，分布均匀。穿孔小（图 5-27）。

28　白兰地 (*M.* 'Brandywine')

花粉粒 P 为（52.35±1.93）µm，E_0 为（26.97±1.54）µm，$E_{1/2}$ 为（22.56±1.23）µm，反映花粉相对大小的 $P \times E_0$ 为（1412.80±110.79）µm²；花粉极面观为三裂圆形，赤面观为长球形，P/E_0 为（1.95±0.11），$P/E_{1/2}$ 为（2.33±0.14），$E_{1/2}/E_0$ 为（0.84±0.04）；花粉 RW 为（0.21±0.02）µm，FW 为（0.09±0.04）µm，条脊较长且较清晰，分叉多、整齐，纹饰特征为整体单一规则型（WRS，1 1 1）。无穿孔（图 5-28）。

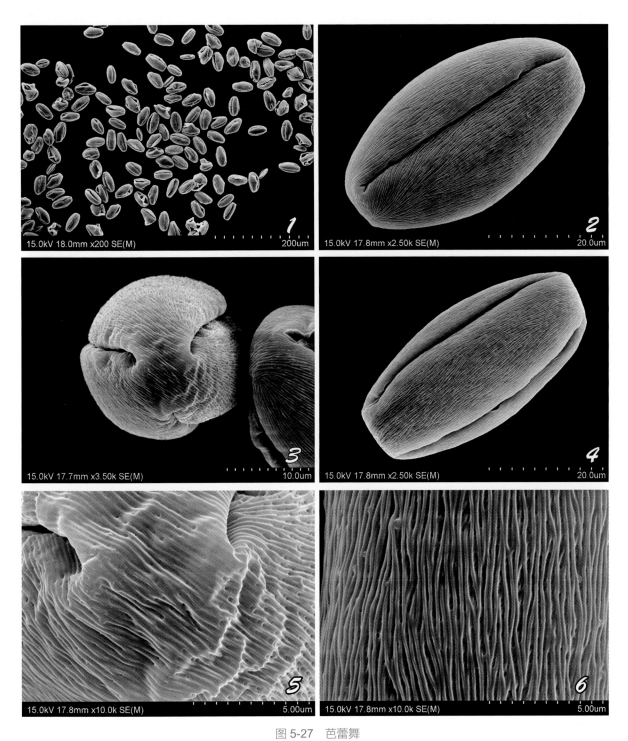

图 5-27 芭蕾舞
1. 群体；2. 赤面单沟；3. 极面观；4. 赤面双沟；5. 极面纹饰；6. 赤面纹饰

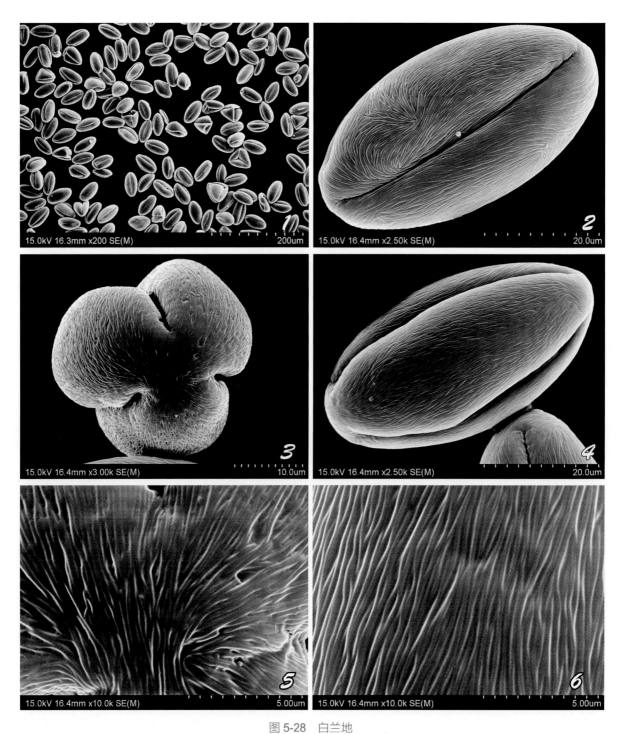

图 5-28 白兰地

1. 群体；2. 赤面单沟；3. 极面观；4. 赤面双沟；5. 极面纹饰；6. 赤面纹饰

29 黄油果 (*M.* 'Butterball')

花粉粒 P 为（43.20±2.17）μm，E_0 为（22.24±1.58）μm，$E_{1/2}$ 为（19.06±1.54）μm，反映花粉相对大小的 $P×E_0$ 为（963.38±110.60）μm²；花粉极面观为三裂圆形，赤面观为长球形，P/E_0 为（1.95±0.09），$P/E_{1/2}$ 为（2.27±0.11），$E_{1/2}/E_0$ 为（0.86±0.03）；花粉 RW 为（0.17±0.01）μm，FW 为（0.16±0.05）μm，条脊较长且较清晰，分叉少、整齐，纹饰特征为整体单一规则型（WRS，1 1 1）。PD 为（1.54±2.57）个 /μm²，分布均匀。穿孔中等（图 5-29）。

30 红衣主教 (*M.* 'Cardinal')

花粉粒 P 为（44.66±3.24）μm，E_0 为（22.59±1.68）μm，$E_{1/2}$ 为（19.11±1.62）μm，反映花粉相对大小的 $P×E_0$ 为（1011.99±139.34）μm²；花粉极面观为三裂圆形，赤面观为长球形，P/E_0 为（1.98±0.13），$P/E_{1/2}$ 为（2.35±0.20），$E_{1/2}/E_0$ 为（0.85±0.04）；花粉 RW 为（0.16±0.01）μm，FW 为（0.06±0.02）μm，条脊长且较清晰，分叉少、较整齐，纹饰特征为整体非单一规则型（WRM，1 1 0）。PD 为（0.78±0.68）个 /μm²，分布均匀。穿孔小（图 5-30）。

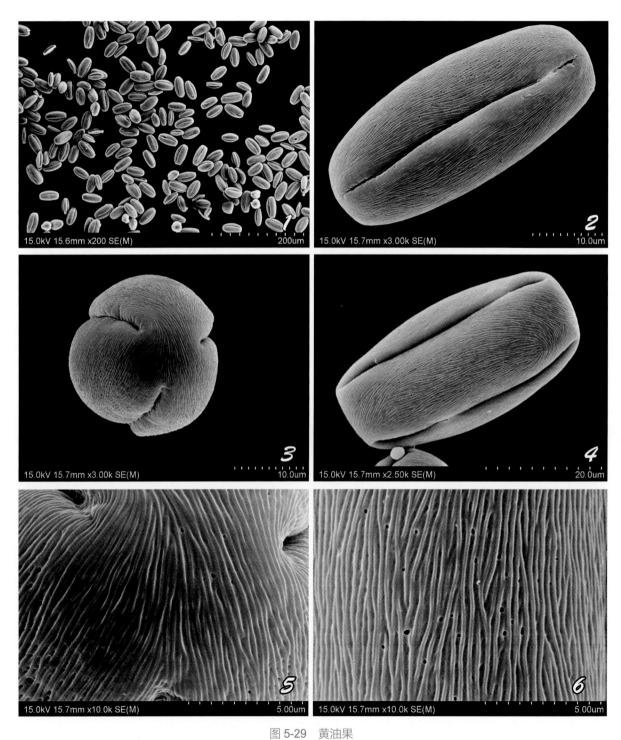

图 5-29 黄油果

1. 群体；2. 赤面单沟；3. 极面观；4. 赤面双沟；5. 极面纹饰；6. 赤面纹饰

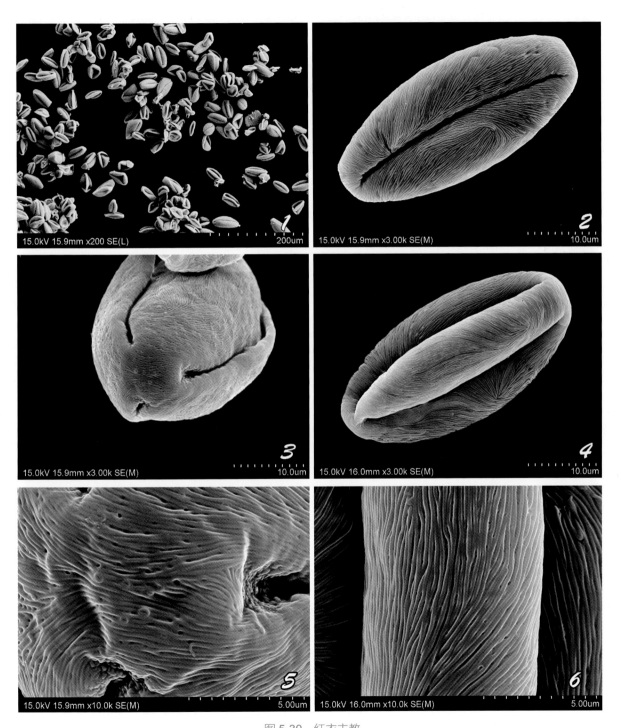

图 5-30　红衣主教

1. 群体；2. 赤面单沟；3. 极面观；4. 赤面双沟；5. 极面纹饰；6. 赤面纹饰

31 百夫长 (*M.* 'Centurion')

花粉粒 P 为（41.76±1.59）μm，E_0 为（22.99±1.70）μm，$E_{1/2}$ 为（18.78±1.51）μm，反映花粉相对大小的 $P×E_0$ 为（959.51±73.76）μm²；花粉极面观为三裂圆形，赤面观为长球形，P/E_0 为（1.83±0.16），$P/E_{1/2}$ 为（2.24±0.19），$E_{1/2}/E_0$ 为（0.82±0.05）；花粉 RW 为（0.17±0.02）μm，FW 为（0.15±0.05）μm，条脊较长且清晰，分叉少、较整齐，纹饰特征为整体非单一规则型（WRM，1 1 0）。PD 为（6.40±0.82）个/μm²，分布均匀。穿孔大（图 5-31）。

32 灰姑娘 (*M.* 'Cinderella')

花粉粒 P 为（44.57±1.64）μm，E_0 为（23.00±1.35）μm，$E_{1/2}$ 为（19.34±1.36）μm，反映花粉相对大小的 $P×E_0$ 为（1025.75±82.07）μm²；花粉极面观为三裂圆形，赤面观为长球形，P/E_0 为（1.94±0.11），$P/E_{1/2}$ 为（2.31±0.17），$E_{1/2}/E_0$ 为（0.84±0.04）；花粉 RW 为（0.18±0.02）μm，FW 为（0.20±0.06）μm，条脊较长且较清晰，分叉多、不整齐，纹饰特征为局部非单一规则型（PRM，1 0 0）。PD 为（6.72±4.96）个/μm²，分布均匀。穿孔大（图 5-32）。

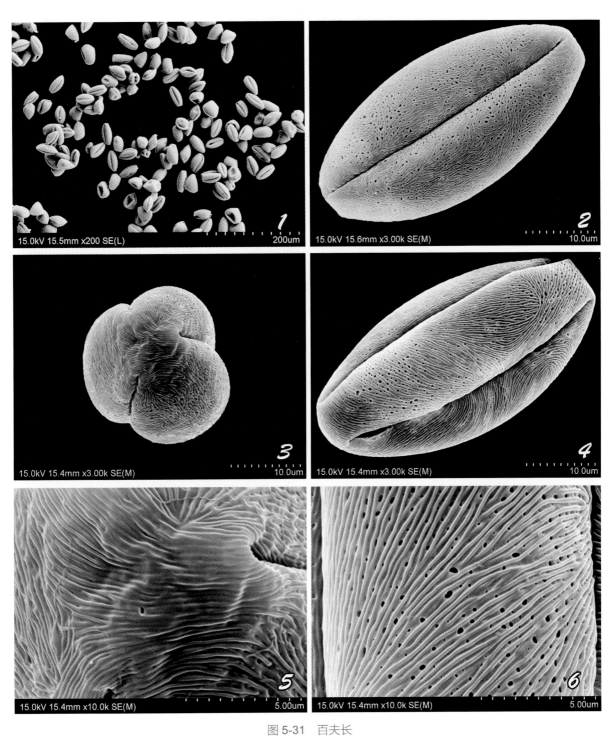

图 5-31　百夫长

1. 群体；2. 赤面单沟；3. 极面观；4. 赤面双沟；5. 极面纹饰；6. 赤面纹饰

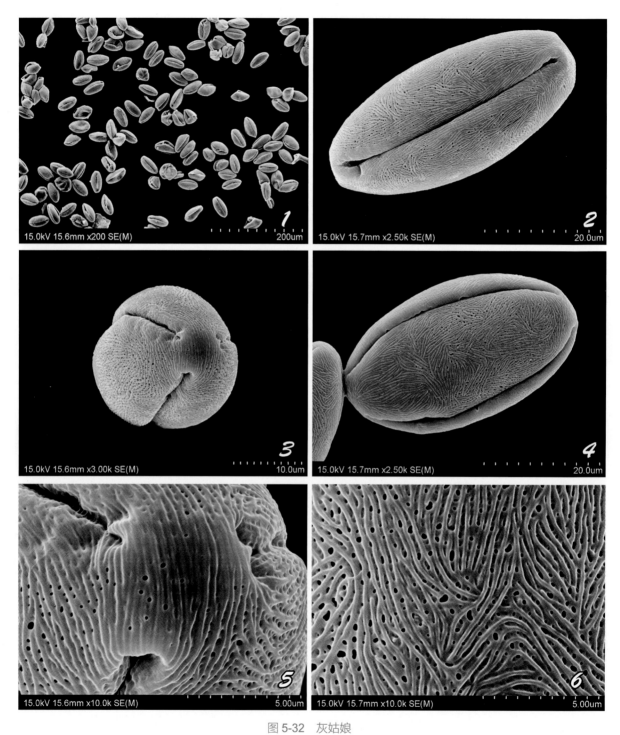

图 5-32 灰姑娘

1. 群体；2. 赤面单沟；3. 极面观；4. 赤面双沟；5. 极面纹饰；6. 赤面纹饰

33 云海 (*M.* 'Cloudsea')

花粉粒 P 为（48.84±2.36）μm，E_0 为（22.57±1.88）μm，$E_{1/2}$ 为（19.63±1.58）μm，反映花粉相对大小的 $P×E_0$ 为（1104.65±127.89）μm²；花粉极面观为三裂圆形，赤面观为长球形，P/E_0 为（2.17±0.15），$P/E_{1/2}$ 为（2.50±0.17），$E_{1/2}/E_0$ 为（0.87±0.03）；花粉 RW 为（0.13±0.01）μm，FW 为（0.25±0.10）μm，条脊长且清晰，分叉少、整齐，纹饰特征为整体单一规则型（WRS，1 1 1）。PD 为（8.09±3.01）个 /μm²，分布不均匀且主要分布于赤面。穿孔大（图 5-33）。

34 珊瑚礁 (*M.* 'Coralburst')

花粉粒 P 为（44.54±1.57）μm，E_0 为（22.60±1.09）μm，$E_{1/2}$ 为（19.45±0.92）μm，反映花粉相对大小的 $P×E_0$ 为（1007.16±65.74）μm²；花粉极面观为三裂圆形，赤面观为长球形，P/E_0 为（1.97±0.10），$P/E_{1/2}$ 为（2.30±0.14），$E_{1/2}/E_0$ 为（0.86±0.03）；花粉 RW 为（0.16±0.01）μm，FW 为（0.23±0.07）μm，条脊长且较清晰，分叉少、不整齐，纹饰特征为整体非单一规则型（WRM，1 1 0）。PD 为（9.67±1.90）个 /μm²，分布不均匀且主要分布于赤面。穿孔大（图 5-34）。

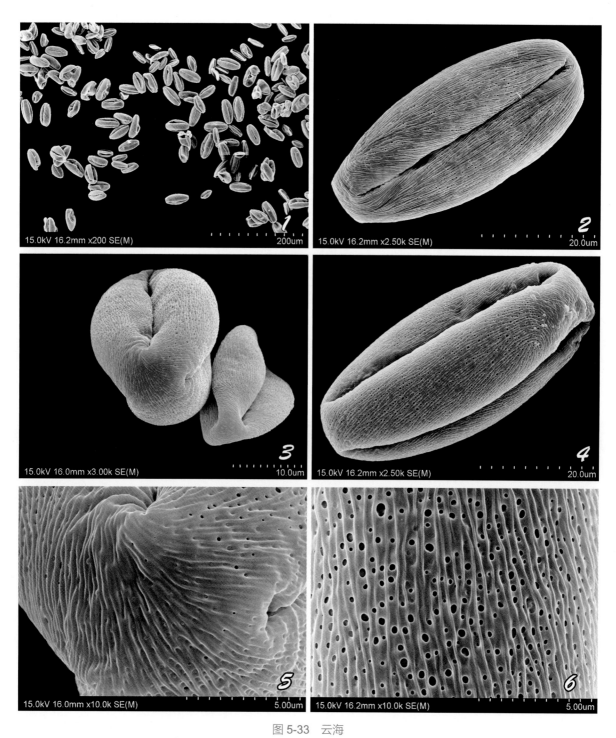

图 5-33 云海

1. 群体；2. 赤面单沟；3. 极面观；4. 赤面双沟；5. 极面纹饰；6. 赤面纹饰

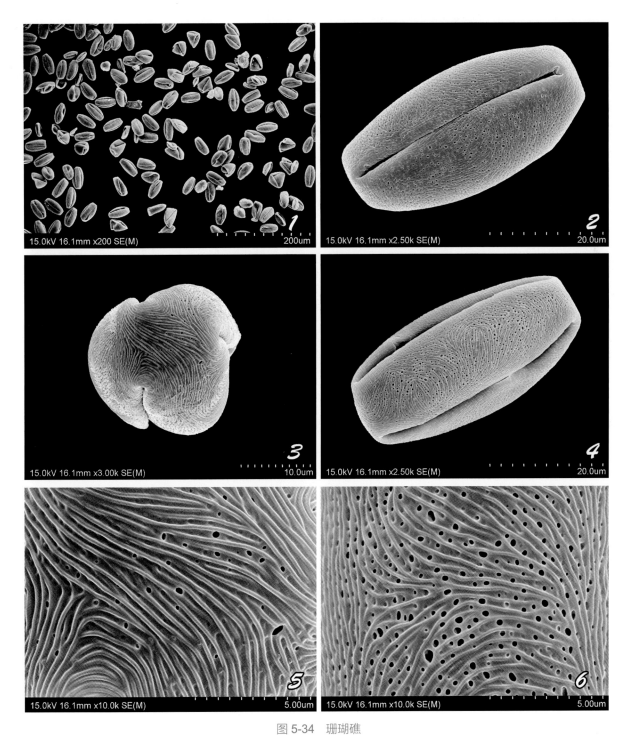

图 5-34　珊瑚礁

1. 群体；2. 赤面单沟；3. 极面观；4. 赤面双沟；5. 极面纹饰；6. 赤面纹饰

35 达尔文 (*M.* 'Darwin')

花粉粒 P 为（40.41±1.68）μm，E_0 为（22.91±1.18）μm，$E_{1/2}$ 为（19.41±1.26）μm，反映花粉相对大小的 $P \times E_0$ 为（925.94±64.89）μm²；花粉极面观为三裂圆形，赤面观为长球形，P/E_0 为（1.77±0.11），$P/E_{1/2}$ 为（2.09±0.16），$E_{1/2}/E_0$ 为（0.85±0.04）；花粉 RW 为（0.16±0.02）μm，FW 为（0.12±0.02）μm，条脊长且较清晰，分叉少、整齐，纹饰特征为整体单一规则型（WRS，1 1 1）。PD 为（1.83±1.67）个 /μm²，分布均匀。穿孔中等（图 5-35）。

36 大卫 (*M.* 'David')

花粉粒 P 为（41.00±3.16）μm，E_0 为（24.08±1.38）μm，$E_{1/2}$ 为（19.69±1.35）μm，反映花粉相对大小的 $P \times E_0$ 为（989.22±112.74）μm²；花粉极面观为三裂圆形，赤面观为长球形，P/E_0 为（1.70±0.12），$P/E_{1/2}$ 为（2.09±0.15），$E_{1/2}/E_0$ 为（0.82±0.04）；花粉 RW 为（0.21±0.03）μm，FW 为（0.18±0.06）μm，条脊长且较清晰，分叉多、不整齐，纹饰特征为整体非单一规则型（WRM，1 1 0）。PD 为（1.52±0.76）个 /μm²，分布不均匀且主要分布于赤面。穿孔中等（图 5-36）。

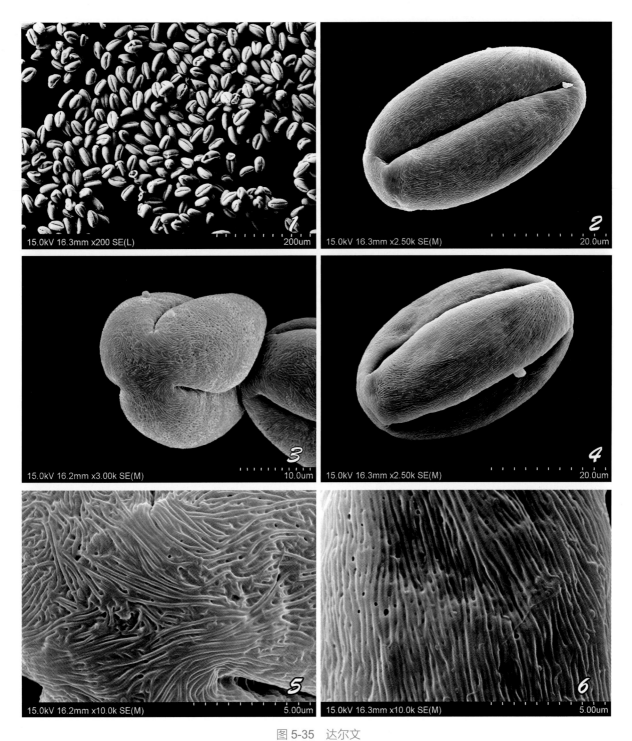

图 5-35　达尔文

1. 群体；2. 赤面单沟；3. 极面观；4. 赤面双沟；5. 极面纹饰；6. 赤面纹饰

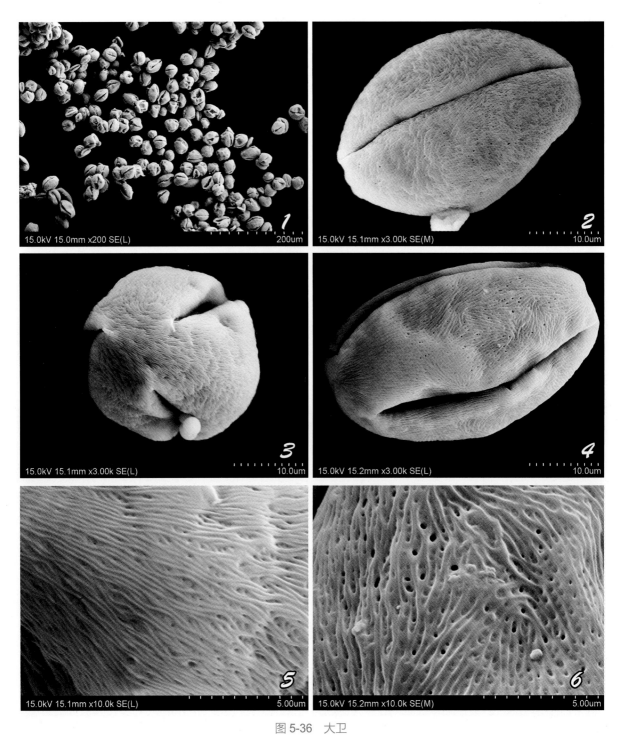

图 5-36 大卫

1. 群体；2. 赤面单沟；3. 极面观；4. 赤面双沟；5. 极面纹饰；6. 赤面纹饰

37 道格 (*M.* 'Dolgo')

　　花粉粒 P 为（45.63±2.15）μm，E_0 为（26.26±1.81）μm，$E_{1/2}$ 为（21.97±1.47）μm，反映花粉相对大小的 $P×E_0$ 为（1199.64±114.33）μm²；花粉极面观为三裂圆形，赤面观为长球形，P/E_0 为（1.74±0.12），$P/E_{1/2}$ 为（2.08±0.14），$E_{1/2}/E_0$ 为（0.84±0.05）；花粉 RW 为（0.17±0.02）μm，FW 为（0.08±0.02）μm，条脊较长且较清晰，分叉多、不整齐，纹饰特征为局部非单一规则型（PRM，1 0 0）。PD 为（0.39±0.58）个 /μm²，分布不均匀且主要分布于赤面。穿孔小（图 5-37）。

38 唐纳德·怀曼 (*M.* 'Donald Wyman')

　　花粉粒 P 为（47.70±1.34）μm，E_0 为（23.38±1.06）μm，$E_{1/2}$ 为（19.59±0.86）μm，反映花粉相对大小的 $P×E_0$ 为（1115.44±65.98）μm²；花粉极面观为三裂圆形，赤面观为长球形，P/E_0 为（2.04±0.09），$P/E_{1/2}$ 为（2.44±0.12），$E_{1/2}/E_0$ 为（0.84±0.04）；花粉 RW 为（0.22±0.03）μm，FW 为（0.09±0.03）μm，条脊短且清晰，分叉少、不整齐，纹饰特征为局部单一规则型（PRS，1 0 1）。无穿孔（图 5-38）。

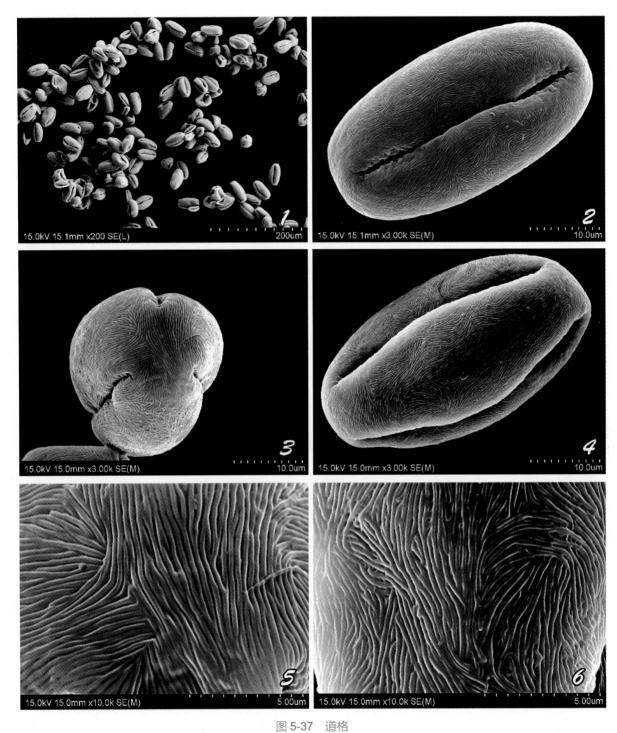

图 5-37 道格

1. 群体；2. 赤面单沟；3. 极面观；4. 赤面双沟；5. 极面纹饰；6. 赤面纹饰

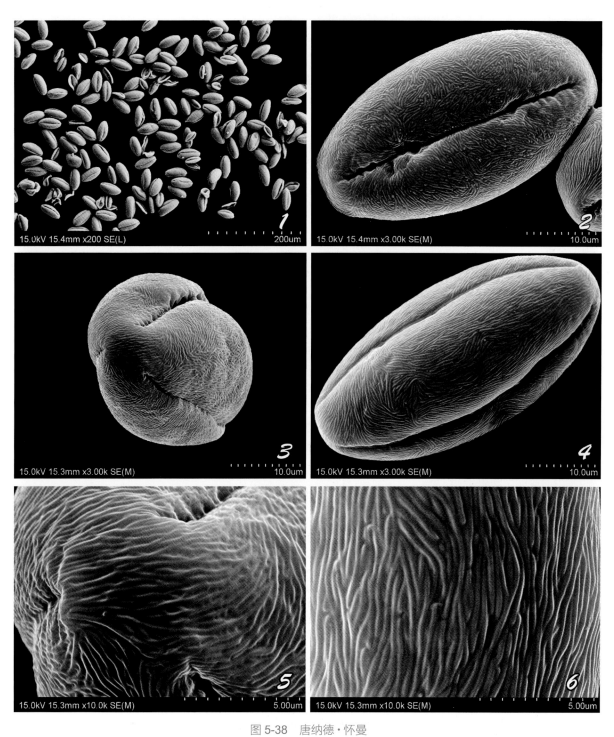

图 5-38　唐纳德·怀曼

1. 群体；2. 赤面单沟；3. 极面观；4. 赤面双沟；5. 极面纹饰；6. 赤面纹饰

39 爱丽 (*M. 'Eleyi'*)

花粉粒 P 为（43.16±1.62）μm，E_0 为（22.25±1.35）μm，$E_{1/2}$ 为（18.56±1.27）μm，反映花粉相对大小的 $P \times E_0$ 为（961.18±80.12）μm²；花粉极面观为三裂圆形，赤面观为长球形，P/E_0 为（1.94±0.11），$P/E_{1/2}$ 为（2.33±0.14），$E_{1/2}/E_0$ 为（0.83±0.04）；花粉 RW 为（0.21±0.03）μm，FW 为（0.11±0.03）μm，条脊短且清晰，分叉多、不整齐，纹饰特征为整体非单一规则型（WRM，1 1 0）。无穿孔（图 5-39）。

40 珠穆朗玛 (*M. 'Everest'*)

花粉粒 P 为（41.77±1.89）μm，E_0 为（21.83±1.29）μm，$E_{1/2}$ 为（18.22±1.32）μm，反映花粉相对大小的 $P \times E_0$ 为（912.79±79.66）μm²；花粉极面观为三裂圆形，赤面观为长球形，P/E_0 为（1.92±0.12），$P/E_{1/2}$ 为（2.30±0.13），$E_{1/2}/E_0$ 为（0.84±0.04）；花粉 RW 为（0.22±0.03）μm，FW 为（0.14±0.03）μm，条脊短且较清晰，分叉少、不整齐，纹饰特征为局部非单一规则型（PRM，1 0 0）。无穿孔（图 5-40）。

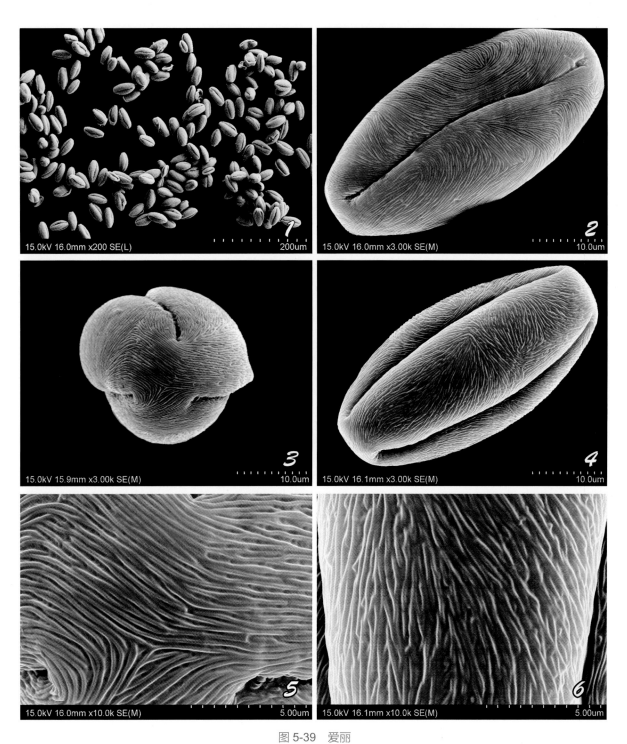

图 5-39 爱丽
1. 群体；2. 赤面单沟；3. 极面观；4. 赤面双沟；5. 极面纹饰；6. 赤面纹饰

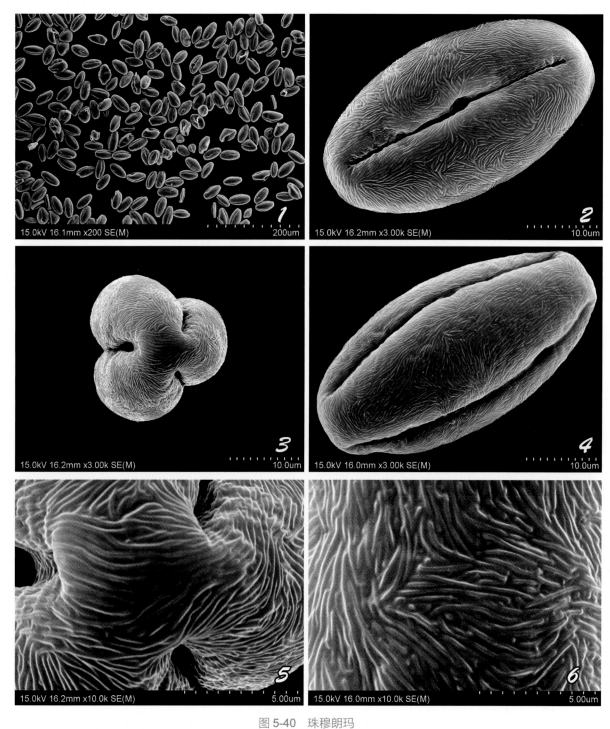

图 5-40 珠穆朗玛

1. 群体；2. 赤面单沟；3. 极面观；4. 赤面双沟；5. 极面纹饰；6. 赤面纹饰

41 黄金甲 (*M.* 'Fairytail Gold')

花粉粒 P 为（42.50 ± 1.49）μm，E_0 为（21.98 ± 1.00）μm，$E_{1/2}$ 为（19.03 ± 1.05）μm，反映花粉相对大小的 $P\times E_0$ 为（934.43 ± 63.86）μm²；花粉极面观为三裂圆形，赤面观为长球形，P/E_0 为（1.94 ± 0.09），$P/E_{1/2}$ 为（2.24 ± 0.11），$E_{1/2}/E_0$ 为（0.87 ± 0.03）；花粉 RW 为（0.23 ± 0.02）μm，FW 为（0.11 ± 0.03）μm，条脊较长且清晰，分叉少、较整齐，纹饰特征为整体非单一规则型（WRM，1 1 0）。无穿孔（图 5-41）。

42 火鸟 (*M.* 'Firebird')

花 粉 粒 P 为（43.90 ± 4.69）μm，E_0 为（27.75 ± 2.70）μm，$E_{1/2}$ 为（21.68 ± 2.86）μm，反映花粉相对大小的 $P\times E_0$ 为（1226.82 ± 243.57）μm²；花粉极面观为三裂圆形，赤面观为长球形，P/E_0 为（1.58 ± 0.13），$P/E_{1/2}$ 为（2.04 ± 0.21），$E_{1/2}/E_0$ 为（0.78 ± 0.06）；花粉 RW 为（0.18 ± 0.02）μm，FW 为（0.12 ± 0.04）μm，条脊短且不清晰，无分叉、不整齐，纹饰特征为整体非单一规则型（WRM，1 1 0）。PD 为（1.25 ± 1.44）个 /μm²，分布不均匀且主要分布于赤面。穿孔中等（图 5-42）。

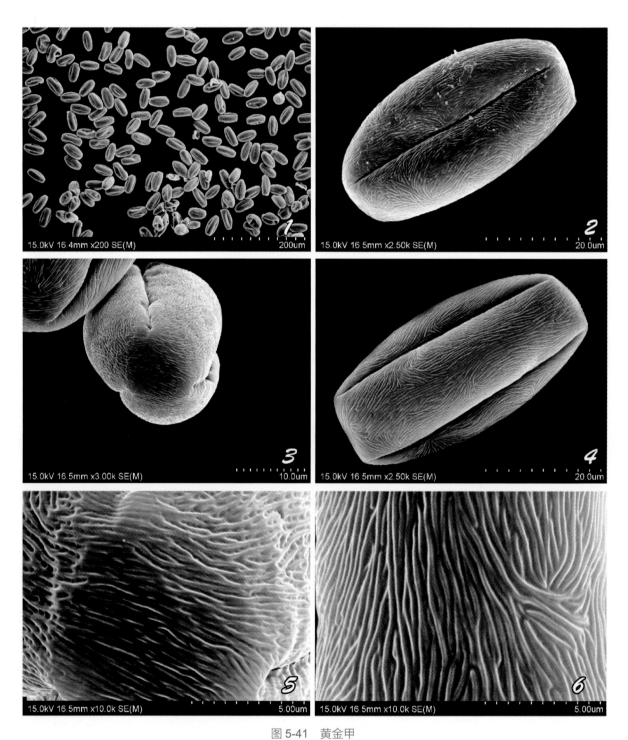

图 5-41 黄金甲

1. 群体；2. 赤面单沟；3. 极面观；4. 赤面双沟；5. 极面纹饰；6. 赤面纹饰

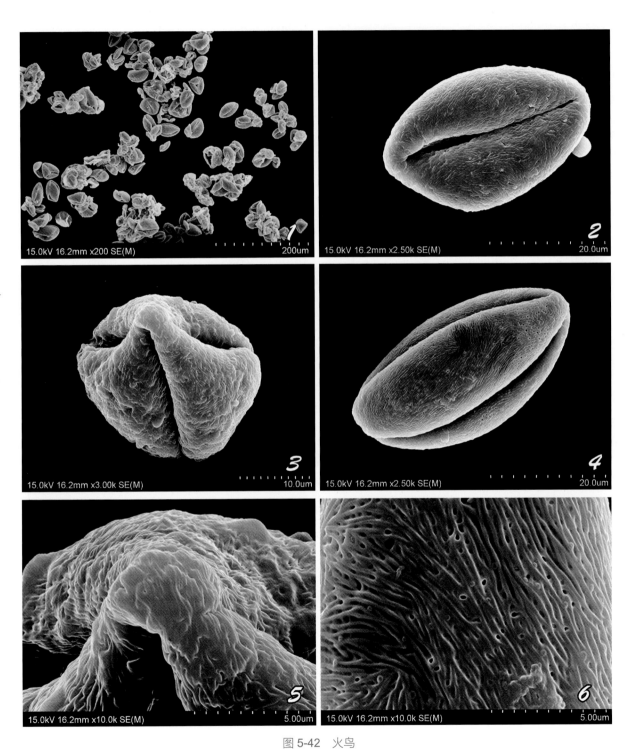

图 5-42　火鸟
1. 群体；2. 赤面单沟；3. 极面观；4. 赤面双沟；5. 极面纹饰；6. 赤面纹饰

43 火焰 (*M*. 'Flame')

花粉粒 P 为（47.21±2.15）μm，E_0 为（23.41±1.62）μm，$E_{1/2}$ 为（20.06±1.41）μm，反映花粉相对大小的 $P×E_0$ 为（1106.97±109.65）μm²；花粉极面观为三裂圆形，赤面观为长球形，P/E_0 为（2.02±0.13），$P/E_{1/2}$ 为（2.36±0.17），$E_{1/2}/E_0$ 为（0.86±0.04）；花粉 RW 为（0.18±0.02）μm，FW 为（0.15±0.03）μm，条脊长且清晰，分叉多、较整齐，纹饰特征为整体非单一规则型（WRM，1 1 0）。PD 为（0.68±0.62）个 /μm²，分布均匀。穿孔小（图 5-43）。

44 芙蓉 (*M*. 'Furong')

花粉粒 P 为（50.30±2.25）μm，E_0 为（22.84±1.17）μm，$E_{1/2}$ 为（19.79±1.25）μm，反映花粉相对大小的 $P×E_0$ 为（1150.07±95.20）μm²；花粉极面观为三裂圆形，赤面观为长球形，P/E_0 为（2.21±0.11），$P/E_{1/2}$ 为（2.55±0.17），$E_{1/2}/E_0$ 为（0.87±0.04）；花粉 RW 为（0.15±0.01）μm，FW 为（0.20±0.06）μm，条脊长且清晰，分叉少、整齐，纹饰特征为整体单一规则型（WRS，1 1 1）。PD 为（7.18±1.39）个 /μm²，分布均匀。穿孔中等（图 5-44）。

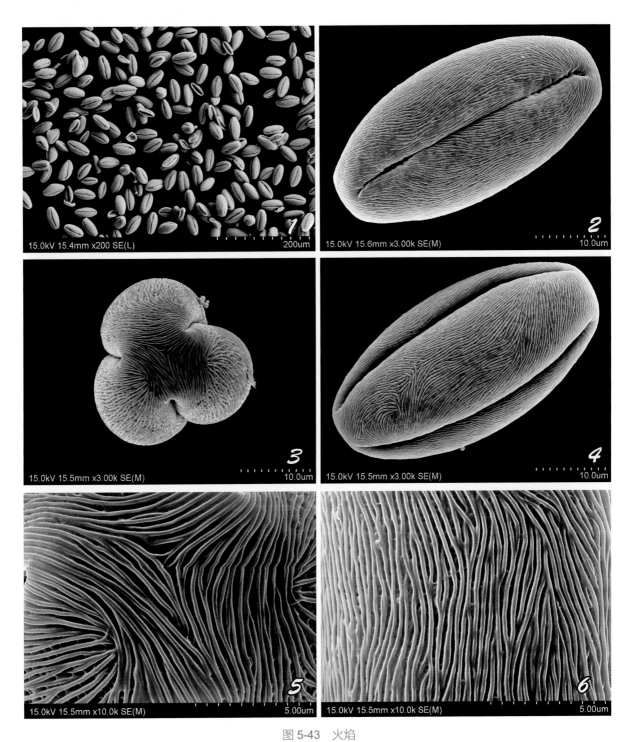

图 5-43 火焰

1. 群体；2. 赤面单沟；3. 极面观；4. 赤面双沟；5. 极面纹饰；6. 赤面纹饰

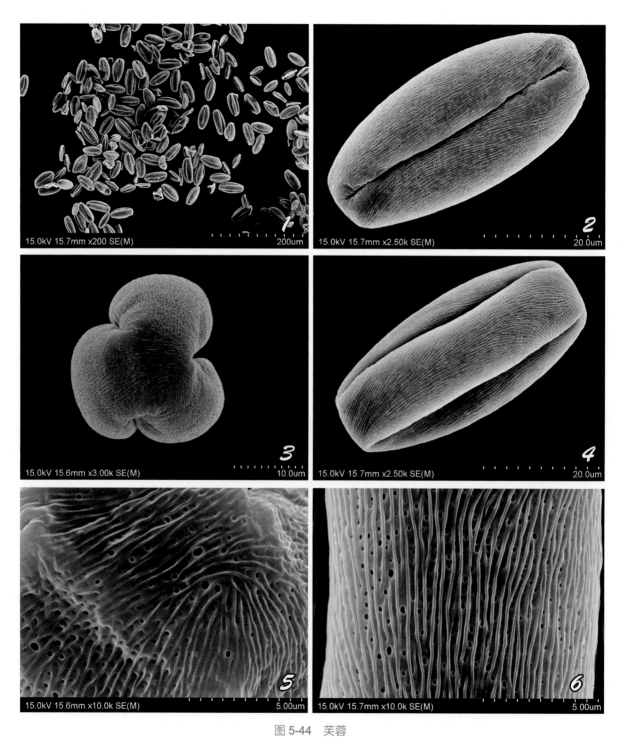

图 5-44 芙蓉

1. 群体；2. 赤面单沟；3. 极面观；4. 赤面双沟；5. 极面纹饰；6. 赤面纹饰

45 金黄蜂 (*M.* 'Golden Hornet')

花粉粒 P 为（43.83±1.57）μm，E_0 为（22.22±1.01）μm，$E_{1/2}$ 为（19.26±1.08）μm，反映花粉相对大小的 $P×E_0$ 为（973.87±55.68）μm²；花粉极面观为三裂圆形，赤面观为长球形，P/E_0 为（1.98±0.12），$P/E_{1/2}$ 为（2.28±0.16），$E_{1/2}/E_0$ 为（0.87±0.05）；花粉 RW 为（0.25±0.02）μm，FW 为（0.11±0.02）μm，条脊较长且较清晰，分叉少、较整齐，纹饰特征为整体非单一规则型（WRM，1 1 0）。无穿孔（图 5-45）。

46 金雨滴 (*M.* 'Golden Raindrop')

花粉粒 P 为（44.95±1.62）μm，E_0 为（21.35±0.94）μm，$E_{1/2}$ 为（18.55±0.98）μm，反映花粉相对大小的 $P×E_0$ 为（960.20±62.59）μm²；花粉极面观为三裂圆形，赤面观为长球形，P/E_0 为（2.11±0.10），$P/E_{1/2}$ 为（2.43±0.14），$E_{1/2}/E_0$ 为（0.87±0.03）；花粉 RW 为（0.23±0.04）μm，FW 为（0.11±0.04）μm，条脊长且清晰，分叉少、整齐，纹饰特征为整体单一规则型（WRS，1 1 1）。PD 为（2.51±1.67）个 /μm²，分布不均匀且萌发沟两侧较多。穿孔中等（图 5-46）。

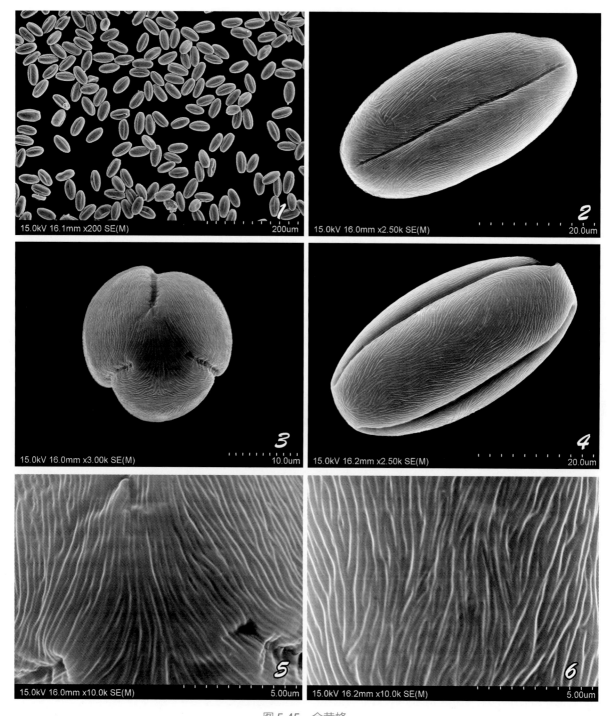

图 5-45　金黄蜂

1. 群体；2. 赤面单沟；3. 极面观；4. 赤面双沟；5. 极面纹饰；6. 赤面纹饰

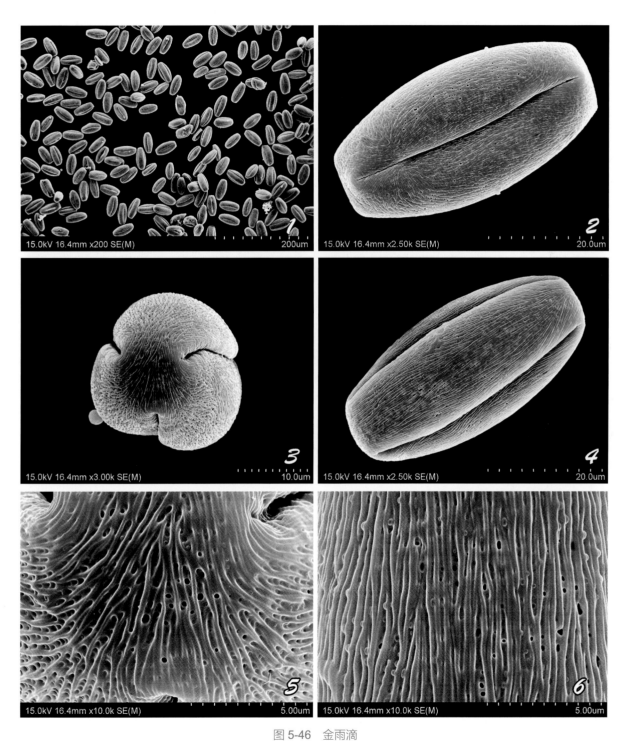

图 5-46　金雨滴
1. 群体；2. 赤面单沟；3. 极面观；4. 赤面双沟；5. 极面纹饰；6. 赤面纹饰

47 绚丽 (*M.* 'Gorgeous')

花 粉 粒 P 为 （41.89±1.73） μm，E_0 为 （22.62±0.95） μm，$E_{1/2}$ 为 （18.94±0.91） μm，反映花粉相对大小的 $P \times E_0$ 为 （947.71±61.81） $μm^2$；花粉极面观为三裂圆形，赤面观为长球形，P/E_0 为 （1.85±0.10），$P/E_{1/2}$ 为 （2.21±0.12），$E_{1/2}/E_0$ 为 （0.84±0.04）；花粉 RW 为 （0.21±0.02） μm，FW 为 （0.07±0.02） μm，条脊短且不清晰，分叉少、较整齐，纹饰特征为局部单一规则型（PRS，１０１）。无穿孔（图5-47）。

48 警卫 (*M.* 'Guard')

花 粉 粒 P 为 （44.06±2.28） μm，E_0 为 （22.03±1.36） μm，$E_{1/2}$ 为 （18.55±1.08） μm，反映花粉相对大小的 $P \times E_0$ 为 （972.38±93.74） $μm^2$；花粉极面观为三裂圆形，赤面观为长球形，P/E_0 为 （2.00±0.11），$P/E_{1/2}$ 为 （2.38±0.14），$E_{1/2}/E_0$ 为 （0.84±0.04）；花粉 RW 为 （0.17±0.01） μm，FW 为 （0.19±0.06） μm，条脊较长且清晰，分叉少、不整齐，纹饰特征为局部单一规则型（PRS，１０１）。PD 为 （5.96±4.36） 个 /$μm^2$，分布不均匀且主要分布于赤面。穿孔大（图5-48）。

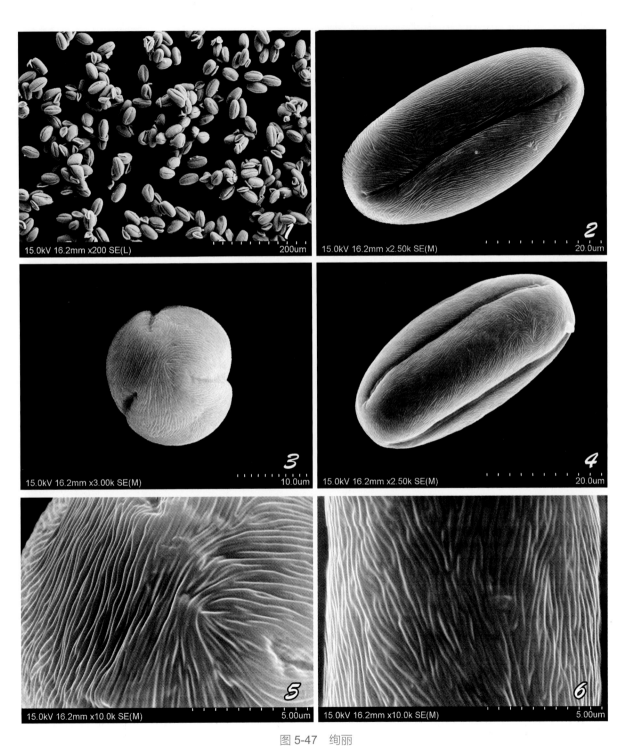

图 5-47　绚丽
1. 群体；2. 赤面单沟；3. 极面观；4. 赤面双沟；5. 极面纹饰；6. 赤面纹饰

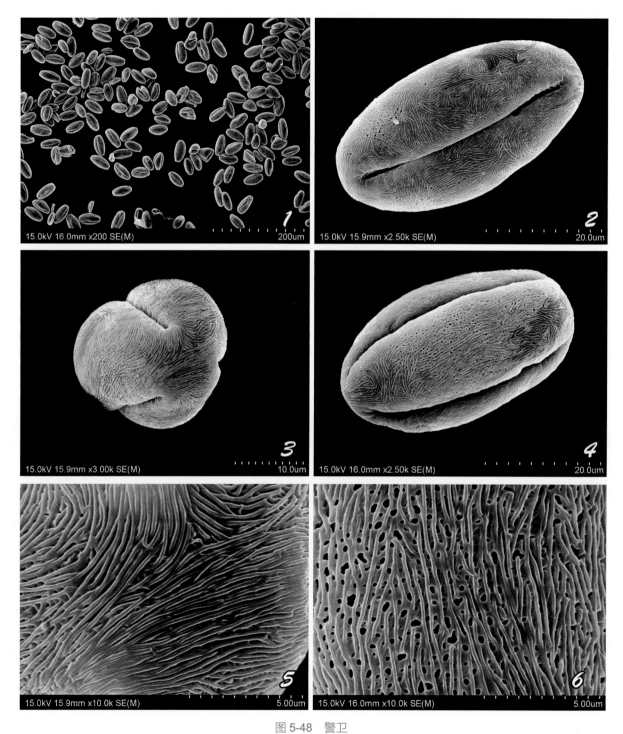

图 5-48　警卫

1. 群体；2. 赤面单沟；3. 极面观；4. 赤面双沟；5. 极面纹饰；6. 赤面纹饰

49 重瓣垂丝 (*M. halliana* 'Pink Double')

花粉粒 P 为（49.32±1.65）μm，E_0 为（24.06±1.55）μm，$E_{1/2}$ 为（20.15±1.46）μm，反映花粉相对大小的 $P \times E_0$ 为（1187.17±90.07）μm²；花粉极面观为三裂圆形，赤面观为长球形，P/E_0 为（2.06±0.14），$P/E_{1/2}$ 为（2.46±0.17），$E_{1/2}/E_0$ 为（0.84±0.05）；花粉 RW 为（0.14±0.01）μm，FW 为（0.11±0.03）μm，条脊短且清晰，分叉多、较整齐，纹饰特征为整体非单一规则型（WRM，1 1 0）。PD 为（4.23±1.79）个/μm²，分布不均匀且萌发沟两侧较多。穿孔小（图 5-49）。

50 金丰收 (*M.* 'Harvest Gold')

花粉粒 P 为（41.39±2.02）μm，E_0 为（22.56±1.46）μm，$E_{1/2}$ 为（19.65±1.31）μm，反映花粉相对大小的 $P \times E_0$ 为（934.20±79.15）μm²；花粉极面观为三裂圆形，赤面观为长球形，P/E_0 为（1.84±0.14），$P/E_{1/2}$ 为（2.11±0.13），$E_{1/2}/E_0$ 为（0.87±0.05）；花粉 RW 为（0.19±0.02）μm，FW 为（0.11±0.04）μm，条脊较长且清晰，分叉少、整齐，纹饰特征为整体单一规则型（WRS，1 1 1）。无穿孔（图 5-50）。

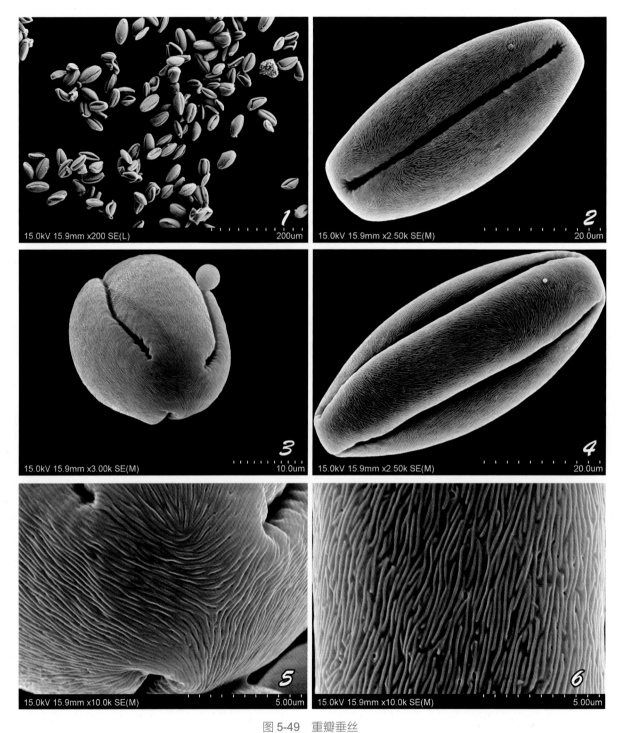

图 5-49　重瓣垂丝

1. 群体；2. 赤面单沟；3. 极面观；4. 赤面双沟；5. 极面纹饰；6. 赤面纹饰

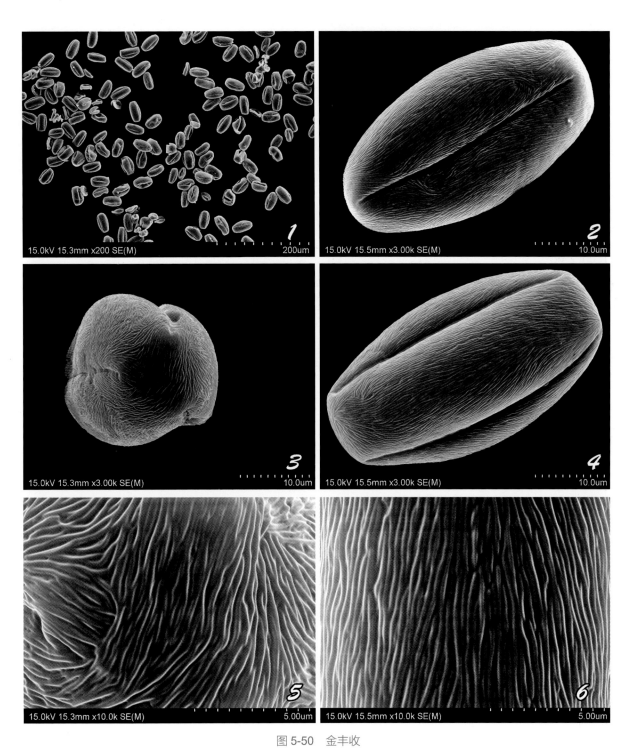

图 5-50　金丰收
1. 群体；2. 赤面单沟；3. 极面观；4. 赤面双沟；5. 极面纹饰；6. 赤面纹饰

51 希利尔 (*M.* 'Hillier')

花粉粒 P 为（40.81±1.89）μm，E_0 为（22.73±1.40）μm，$E_{1/2}$ 为（19.49±1.55）μm，反映花粉相对大小的 $P \times E_0$ 为（929.26±91.59）μm^2；花粉极面观为三裂圆形，赤面观为长球形，P/E_0 为（1.80±0.09），$P/E_{1/2}$ 为（2.10±0.15），$E_{1/2}/E_0$ 为（0.86±0.04）；花粉 RW 为（0.17±0.02）μm，FW 为（0.15±0.04）μm，条脊较长且较清晰，分叉少、较整齐，纹饰特征为整体单一规则型（WRS，1 1 1）。PD 为（0.55±0.62）个 /μm^2，分布均匀。穿孔大（图 5-51）。

52 豪帕 (*M.* 'Hopa')

花粉粒 P 为（48.91±2.29）μm，E_0 为（23.93±1.21）μm，$E_{1/2}$ 为（20.72±1.28）μm，反映花粉相对大小的 $P \times E_0$ 为（1171.59±94.69）μm^2；花粉极面观为三裂圆形，赤面观为长球形，P/E_0 为（2.05±0.11），$P/E_{1/2}$ 为（2.37±0.14），$E_{1/2}/E_0$ 为（0.87±0.03）；花粉 RW 为（0.19±0.02）μm，FW 为（0.17±0.02）μm，条脊长且清晰，分叉少、较整齐，纹饰特征为整体非单一规则型（WRM，1 1 0）。PD 为（5.23±1.51）个 /μm^2，分布不均匀且萌发沟两侧较多。穿孔中等（图 5-52）。

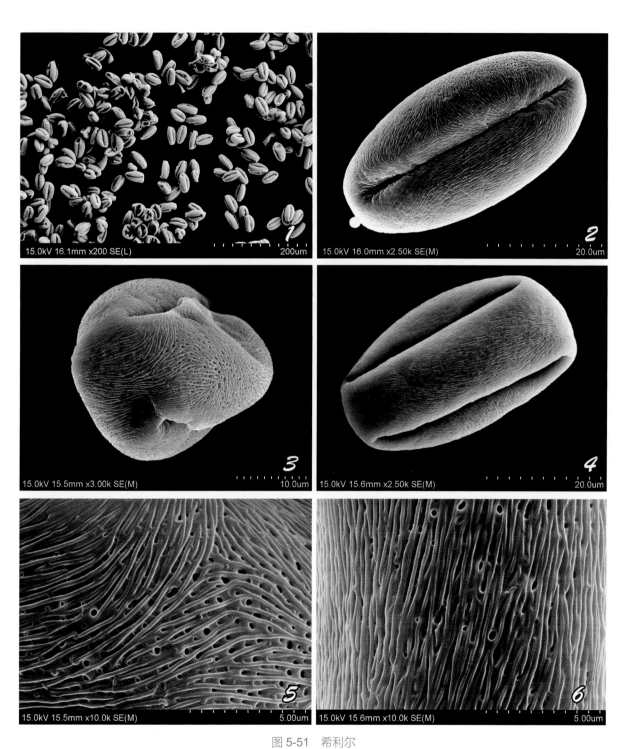

图 5-51　希利尔
1. 群体；2. 赤面单沟；3. 极面观；4. 赤面双沟；5. 极面纹饰；6. 赤面纹饰

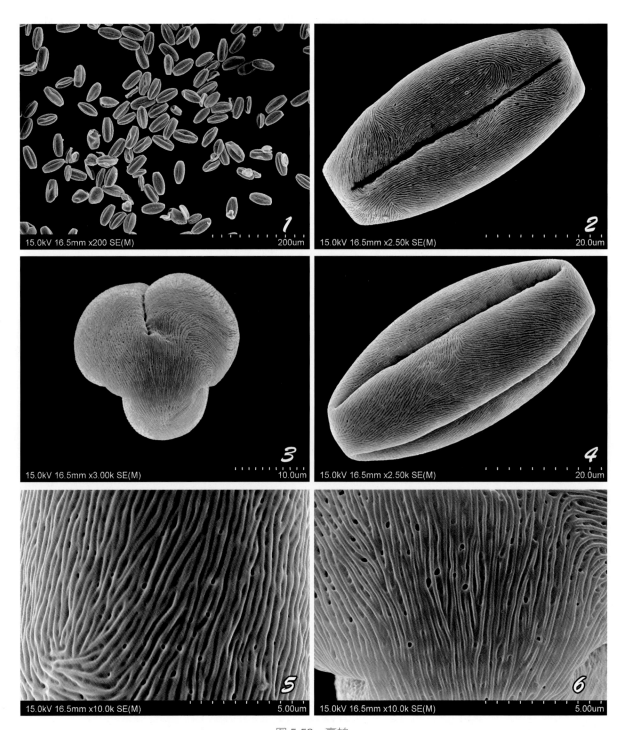

图 5-52　豪帕

1. 群体；2. 赤面单沟；3. 极面观；4. 赤面双沟；5. 极面纹饰；6. 赤面纹饰

53 魔术 (*M.* 'Indian Magic')

花粉粒 P 为（45.45±1.75）μm，E_0 为（23.13±1.03）μm，$E_{1/2}$ 为（19.76±1.18）μm，反映花粉相对大小的 $P×E_0$ 为（1051.97±75.20）μm²；花粉极面观为三裂圆形，赤面观为长球形，P/E_0 为（1.97±0.09），$P/E_{1/2}$ 为（2.31±0.12），$E_{1/2}/E_0$ 为（0.85±0.03）；花粉 RW 为（0.16±0.01）μm，FW 为（0.13±0.04）μm，条脊较长且清晰，分叉少、较整齐，纹饰特征为整体非单一规则型（WRM，1 1 0）。PD 为（3.04±1.27）个 /μm²，分布不均匀且主要分布于赤面。穿孔小（图 5-53）。

54 印第安之夏 (*M.* 'Indian Summer')

花粉粒 P 为（48.63±1.19）μm，E_0 为（23.17±1.09）μm，$E_{1/2}$ 为（19.69±1.15）μm，反映花粉相对大小的 $P×E_0$ 为（1126.85±63.25）μm²；花粉极面观为三裂圆形，赤面观为长球形，P/E_0 为（2.10±0.10），$P/E_{1/2}$ 为（2.48±0.14），$E_{1/2}/E_0$ 为（0.85±0.04）；花粉 RW 为（0.16±0.02）μm，FW 为（0.14±0.03）μm，条脊长且清晰，分叉少、不整齐，纹饰特征为整体非单一规则型（WRM，1 1 0）。PD 为（4.69±1.72）个 /μm²，分布均匀。穿孔大（图 5-54）。

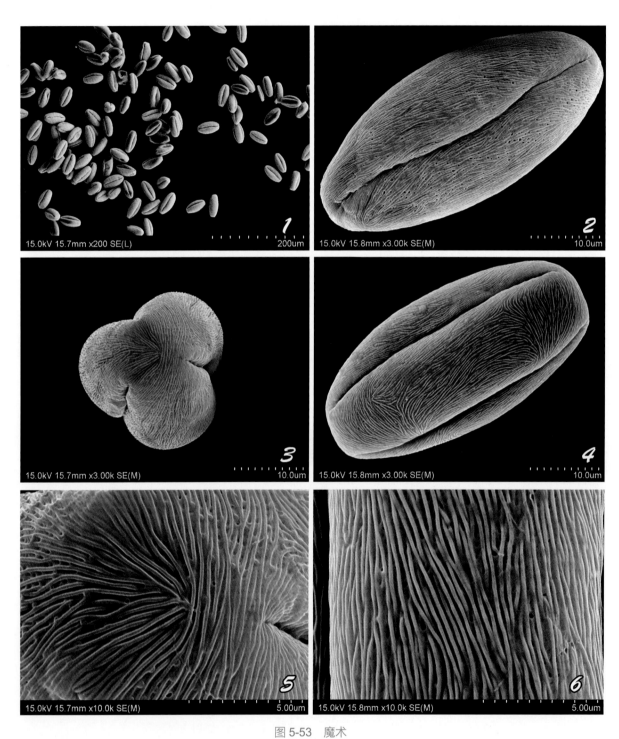

图 5-53　魔术

1. 群体；2. 赤面单沟；3. 极面观；4. 赤面双沟；5. 极面纹饰；6. 赤面纹饰

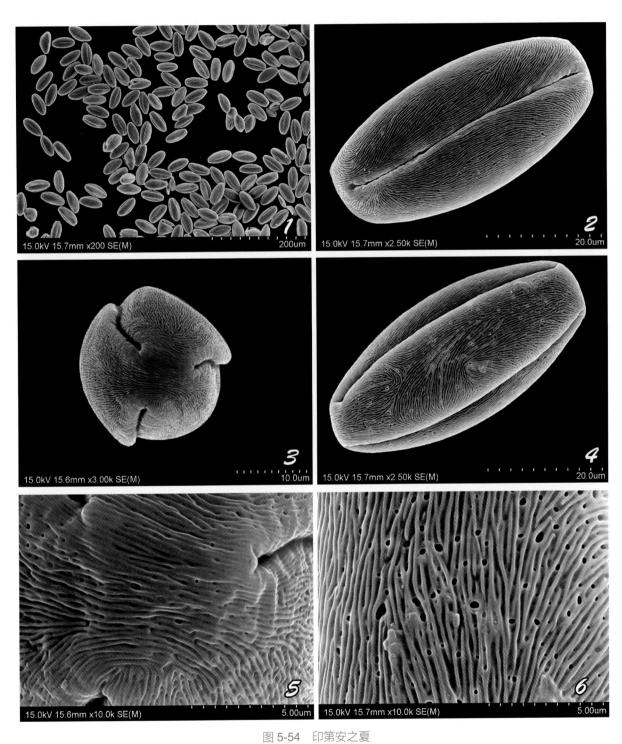

图 5-54 印第安之夏
1. 群体；2. 赤面单沟；3. 极面观；4. 赤面双沟；5. 极面纹饰；6. 赤面纹饰

55 凯尔斯 (*M.* 'Kelsey')

花粉粒 P 为（35.43±2.12）μm，E_0 为（26.17±2.41）μm，$E_{1/2}$ 为（21.63±1.95）μm，反映花粉相对大小的 $P×E_0$ 为（927.84±107.65）μm²；花粉极面观为三裂圆形，赤面观为长球形，P/E_0 为（1.36±0.14），$P/E_{1/2}$ 为（1.65±0.17），$E_{1/2}/E_0$ 为（0.83±0.06）；花粉 RW 为（0.15±0.02）μm，FW 为（0.13±0.04）μm，条脊短且清晰，分叉多、不整齐，纹饰特征为不规则型（IR，0 0 0）。PD 为（4.82±1.05）个 /μm²，分布均匀。穿孔中等（图 5-55）。

56 亚瑟王 (*M.* 'King Arthur')

花粉粒 P 为（46.34±1.50）μm，E_0 为（23.85±1.83）μm，$E_{1/2}$ 为（19.60±1.65）μm，反映花粉相对大小的 $P×E_0$ 为（1106.55±104.45）μm²；花粉极面观为三裂圆形，赤面观为长球形，P/E_0 为（1.95±0.13），$P/E_{1/2}$ 为（2.38±0.17），$E_{1/2}/E_0$ 为（0.82±0.04）；花粉 RW 为（0.19±0.02）μm，FW 为（0.07±0.01）μm，条脊短且较清晰，无分叉、不整齐，纹饰特征为整体单一规则型（WRS，1 1 1）。无穿孔（图 5-56）。

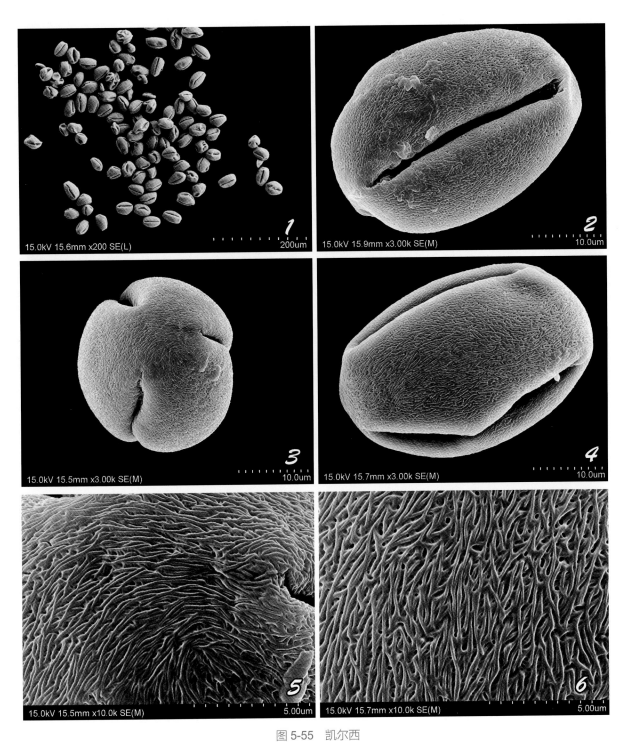

图 5-55 凯尔西

1. 群体；2. 赤面单沟；3. 极面观；4. 赤面双沟；5. 极面纹饰；6. 赤面纹饰

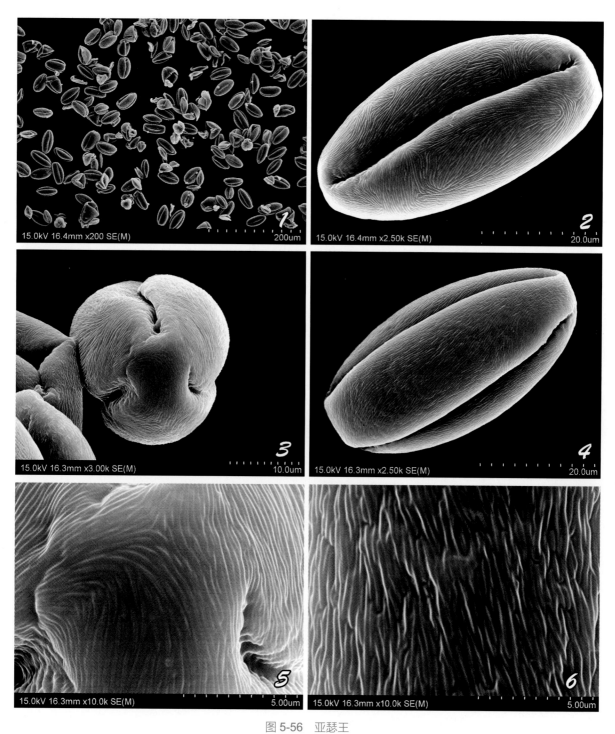

图 5-56　亚瑟王

1. 群体；2. 赤面单沟；3. 极面观；4. 赤面双沟；5. 极面纹饰；6. 赤面纹饰

57 克莱姆 (*M.* 'Klehm's Improved Bechtel')

花粉粒 P 为（44.93±3.06）μm，E_0 为（22.61±1.50）μm，$E_{1/2}$ 为（19.33±1.25）μm，反映花粉相对大小的 $P \times E_0$ 为（1018.59±122.29）μm²；花粉极面观为三裂圆形，赤面观为长球形，P/E_0 为（1.99±0.11），$P/E_{1/2}$ 为（2.33±0.15），$E_{1/2}/E_0$ 为（0.86±0.04）；花粉 RW 为（0.17±0.01）μm，FW 为（0.11±0.03）μm，条脊长且清晰，分叉少、较整齐，纹饰特征为整体非单一规则型（WRM，1 1 0）。PD 为（4.48±2.14）个/μm²，分布均匀。穿孔小（图 5-57）。

58 兰斯洛特 (*M.* 'Lancelot')

花粉粒 P 为（45.20±2.27）μm，E_0 为（23.73±1.10）μm，$E_{1/2}$ 为（19.94±1.06）μm，反映花粉相对大小的 $P \times E_0$ 为（1073.37±82.42）μm²；花粉极面观为三裂圆形，赤面观为长球形，P/E_0 为（1.91±0.11），$P/E_{1/2}$ 为（2.27±0.14），$E_{1/2}/E_0$ 为（0.84±0.04）；花粉 RW 为（0.15±0.01）μm，FW 为（0.17±0.05）μm，条脊较长且清晰，分叉多、不整齐，纹饰特征为局部单一规则型（PRS，1 0 1）。PD 为（7.72±3.83）个/μm²，分布均匀。穿孔大（图 5-58）。

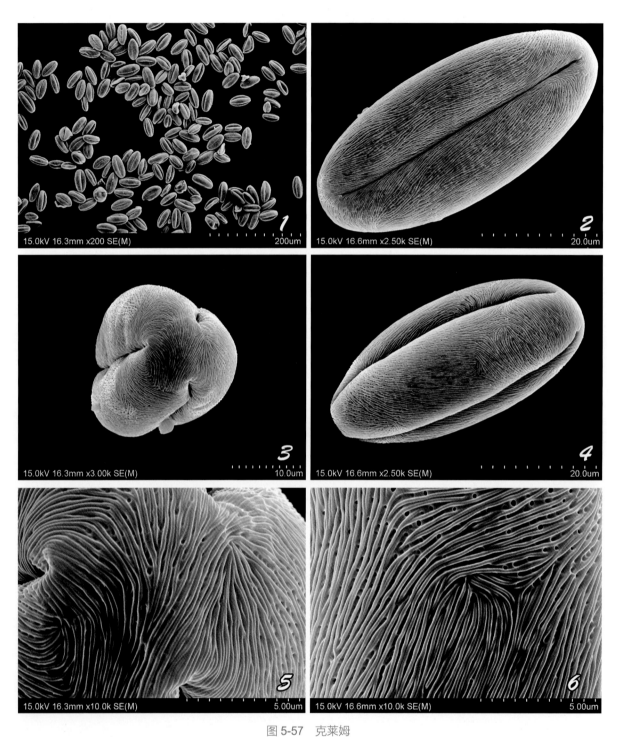

图 5-57 克莱姆
1. 群体；2. 赤面单沟；3. 极面观；4. 赤面双沟；5. 极面纹饰；6. 赤面纹饰

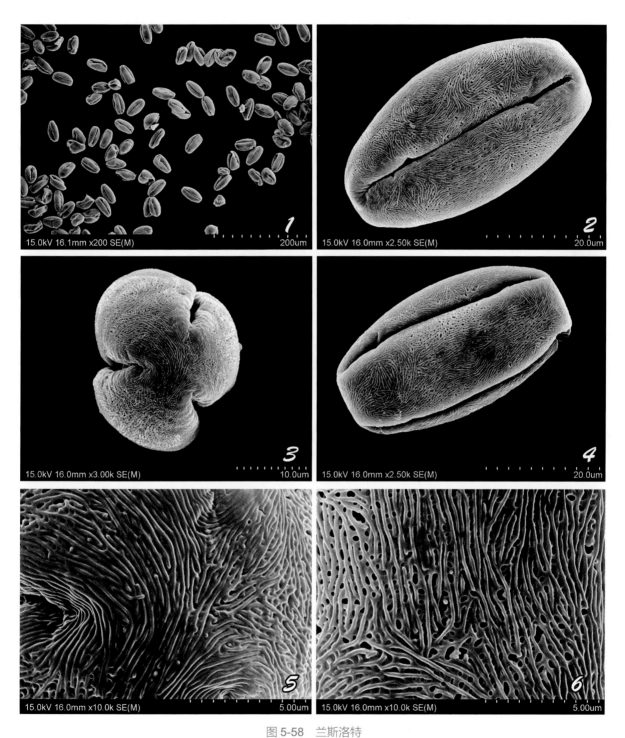

图 5-58　兰斯洛特
1. 群体；2. 赤面单沟；3. 极面观；4. 赤面双沟；5. 极面纹饰；6. 赤面纹饰

59 丽莎 (*M.* 'Lisa')

花粉粒 P 为（50.59±1.53）μm，E_0 为（24.70±1.03）μm，$E_{1/2}$ 为（21.78±0.97）μm，反映花粉相对大小的 $P \times E_0$ 为（1250.47±80.64）μm^2；花粉极面观为三裂圆形，赤面观为长球形，P/E_0 为（2.05±0.07），$P/E_{1/2}$ 为（2.33±0.09），$E_{1/2}/E_0$ 为（0.88±0.03）；花粉 RW 为（0.16±0.02）μm，FW 为（0.14±0.04）μm，条脊长且清晰，分叉少、较整齐，纹饰特征为整体非单一规则型（WRM，1 1 0）。PD 为（2.48±1.43）个/μm^2，分布均匀。穿孔中等（图 5-59）。

60 李斯特 (*M.* 'Liset')

花粉粒 P 为（41.82±1.98）μm，E_0 为（23.29±1.30）μm，$E_{1/2}$ 为（19.58±1.45）μm，反映花粉相对大小的 $P \times E_0$ 为（974.00±74.76）μm^2；花粉极面观为三裂圆形，赤面观为长球形，P/E_0 为（1.80±0.12），$P/E_{1/2}$ 为（2.14±0.15），$E_{1/2}/E_0$ 为（0.84±0.04）；花粉 RW 为（0.24±0.03）μm，FW 为（0.13±0.03）μm，条脊短且清晰，分叉少、不整齐，纹饰特征为局部单一规则型（PRS，1 0 1）。无穿孔（图 5-60）。

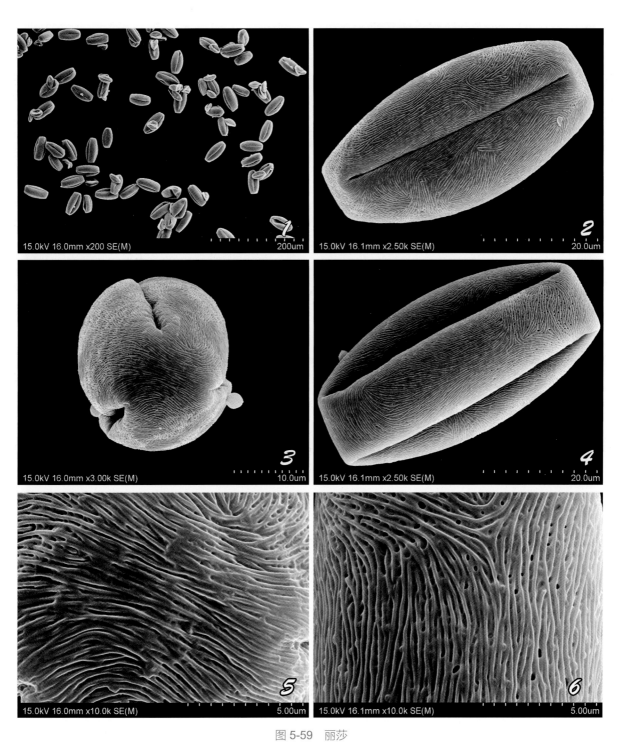

图 5-59 丽莎
1. 群体；2. 赤面单沟；3. 极面观；4. 赤面双沟；5. 极面纹饰；6. 赤面纹饰

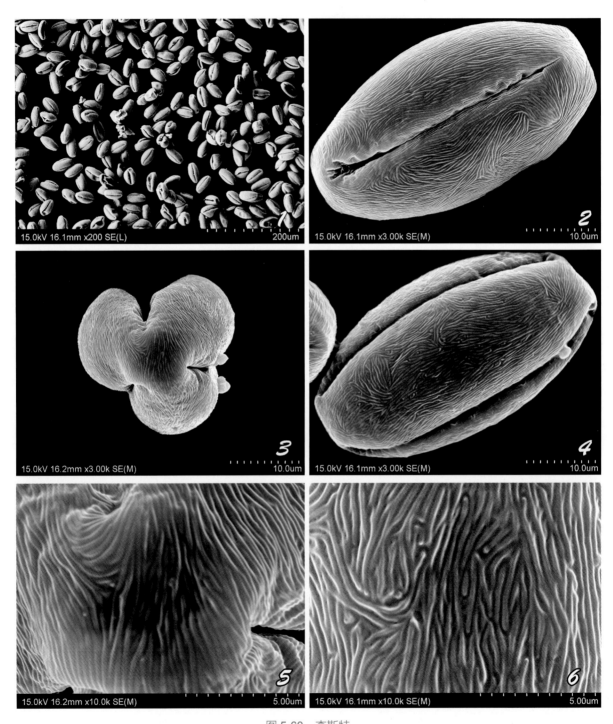

图 5-60　李斯特

1. 群体；2. 赤面单沟；3. 极面观；4. 赤面双沟；5. 极面纹饰；6. 赤面纹饰

61 棒棒糖 (*M.* 'Lollipop')

花粉粒 P 为（49.92±2.93）μm，E_0 为（26.66±2.52）μm，$E_{1/2}$ 为（22.39±2.28）μm，反映花粉相对大小的 $P×E_0$ 为（1334.35±176.79）μm²；花粉极面观为三裂圆形，赤面观为长球形，P/E_0 为（1.88±0.15），$P/E_{1/2}$ 为（2.25±0.23），$E_{1/2}/E_0$ 为（0.84±0.05）；花粉 RW 为（0.20±0.02）μm，FW 为（0.10±0.03）μm，条脊较长且清晰，分叉多、不整齐，纹饰特征为局部非单一规则型（PRM，1 0 0）。PD 为（4.90±3.11）个 /μm²，分布不均匀且萌发沟两侧较多。穿孔中等（图 5-61）。

62 龙游露易莎 (*M.* 'Louisa Contort')

花粉粒 P 为（46.19±1.66）μm，E_0 为（23.71±0.92）μm，$E_{1/2}$ 为（20.20±1.06）μm，反映花粉相对大小的 $P×E_0$ 为（1095.61±63.40）μm²；花粉极面观为三裂圆形，赤面观为长球形，P/E_0 为（1.95±0.09），$P/E_{1/2}$ 为（2.29±0.14），$E_{1/2}/E_0$ 为（0.85±0.03）；花粉 RW 为（0.17±0.03）μm，FW 为（0.15±0.03）μm，条脊较长且不清晰，分叉多、不整齐，纹饰特征为整体非单一规则型（WRM，1 1 0）。PD 为（5.60±2.20）个 /μm²，分布不均匀且主要分布于赤面。穿孔大（图 5-62）。

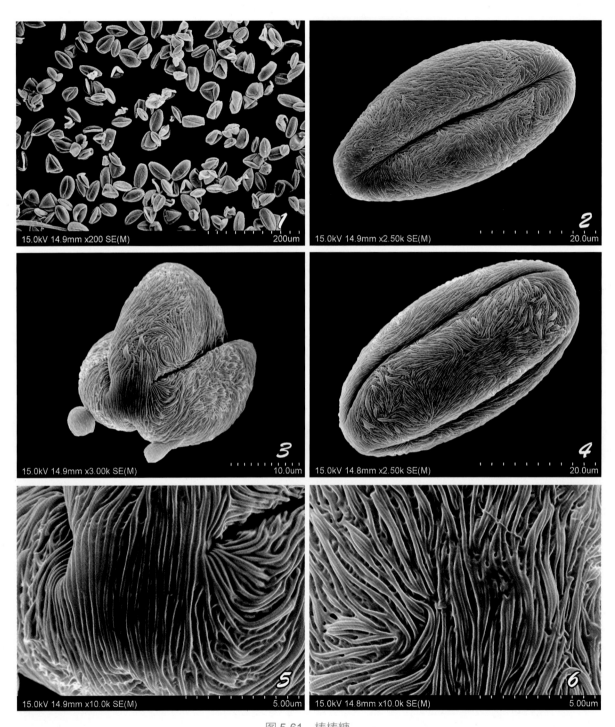

图 5-61　棒棒糖

1. 群体；2. 赤面单沟；3. 极面观；4. 赤面双沟；5. 极面纹饰；6. 赤面纹饰

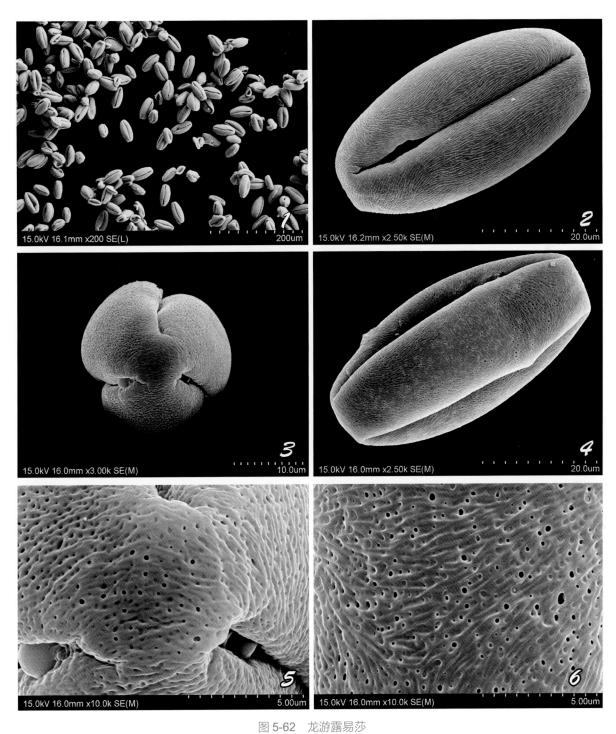

图 5-62　龙游露易莎

1. 群体；2. 赤面单沟；3. 极面观；4. 赤面双沟；5. 极面纹饰；6. 赤面纹饰

63 马凯米克 (*M.* 'Makamik')

花粉粒 P 为（48.48±1.31）μm，E_0 为（23.64±1.24）μm，$E_{1/2}$ 为（20.34±1.40）μm，反映花粉相对大小的 $P \times E_0$ 为（1146.67±76.86）μm²；花粉极面观为三裂圆形，赤面观为长球形，P/E_0 为（2.06±0.10），$P/E_{1/2}$ 为（2.39±0.15），$E_{1/2}/E_0$ 为（0.86±0.04）；花粉 RW 为（0.20±0.02）μm，FW 为（0.08±0.02）μm，条脊长且清晰，分叉少、较整齐，纹饰特征为整体单一规则型（WRS，1 1 1）。PD 为（0.36±0.33）个 /μm²，分布均匀。穿孔小（图 5-63）。

64 玛丽波特 (*M.* 'Mary Potter')

花粉粒 P 为（50.15±2.16）μm，E_0 为（27.94±1.92）μm，$E_{1/2}$ 为（23.51±1.78）μm，反映花粉相对大小的 $P \times E_0$ 为（1402.01±125.23）μm²；花粉极面观为三裂圆形，赤面观为长球形，P/E_0 为（1.80±0.13），$P/E_{1/2}$ 为（2.14±0.18），$E_{1/2}/E_0$ 为（0.84±0.05）；花粉 RW 为（0.19±0.02）μm，FW 为（0.14±0.06）μm，条脊长且清晰，分叉少、不整齐，纹饰特征为整体非单一规则型（WRM，1 1 0）。PD 为（1.48±2.20）个 /μm²，分布不均匀且萌发沟两侧较多。穿孔小（图 5-64）。

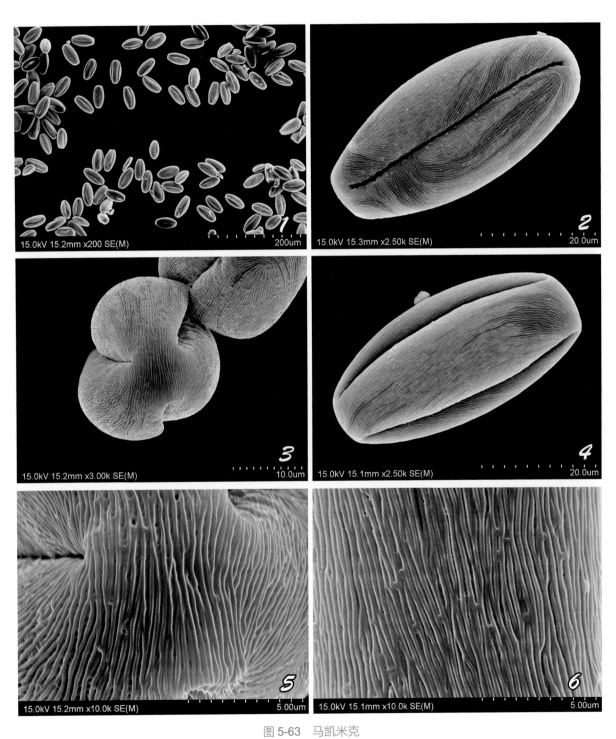

图 5-63　马凯米克
1. 群体；2. 赤面单沟；3. 极面观；4. 赤面双沟；5. 极面纹饰；6. 赤面纹饰

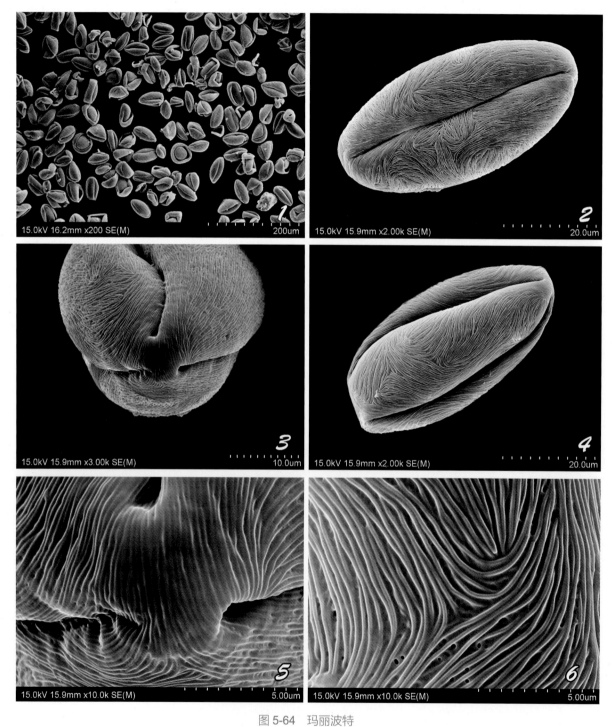

图 5-64　玛丽波特

1. 群体；2. 赤面单沟；3. 极面观；4. 赤面双沟；5. 极面纹饰；6. 赤面纹饰

65 五月欢歌 (*M.* 'May's Delight')

花粉粒 P 为（49.51±1.22）μm，E_0 为（24.98±0.84）μm，$E_{1/2}$ 为（20.77±1.33）μm，反映花粉相对大小的 $P×E_0$ 为（1237.01±55.30）μm²；花粉极面观为三裂圆形，赤面观为长球形，P/E_0 为（1.98±0.08），$P/E_{1/2}$ 为（2.39±0.15），$E_{1/2}/E_0$ 为（0.83±0.05）；花粉 RW 为（0.19±0.02）μm，FW 为（0.13±0.03）μm，条脊较长且清晰，分叉多、不整齐，纹饰特征为整体非单一规则型（WRM，1 1 0）。无穿孔（图 5-65）。

66 熔岩 (*M.* 'Molten Lava')

花粉粒 P 为（46.47±1.39）μm，E_0 为（23.22±1.29）μm，$E_{1/2}$ 为（19.87±0.99）μm，反映花粉相对大小的 $P×E_0$ 为（1080.08±82.42）μm²；花粉极面观为三裂圆形，赤面观为长球形，P/E_0 为（2.00±0.09），$P/E_{1/2}$ 为（2.34±0.12），$E_{1/2}/E_0$ 为（0.86±0.03）；花粉 RW 为（0.15±0.01）μm，FW 为（0.14±0.04）μm，条脊长且清晰，分叉多、较整齐，纹饰特征为整体非单一规则型（WRM，1 1 0）。PD 为（5.61±1.39）个 /μm²，分布均匀。穿孔大（图 5-66）。

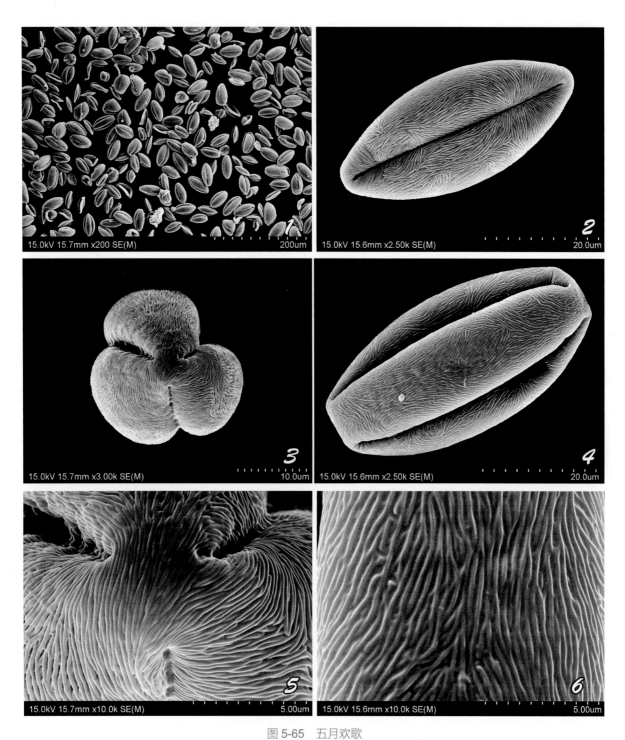

图 5-65　五月欢歌

1. 群体；2. 赤面单沟；3. 极面观；4. 赤面双沟；5. 极面纹饰；6. 赤面纹饰

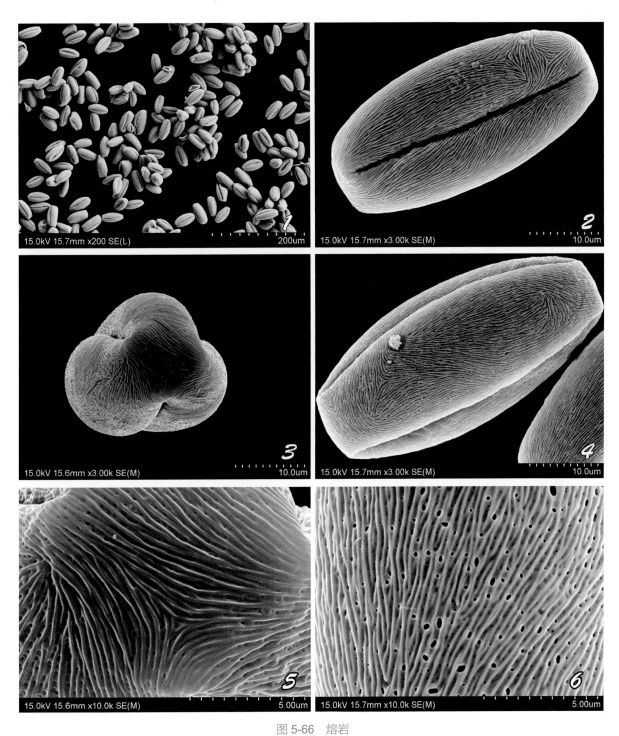

图 5-66　熔岩

1. 群体；2. 赤面单沟；3. 极面观；4. 赤面双沟；5. 极面纹饰；6. 赤面纹饰

67　完美紫色 (*M.* 'Perfect Purple')

花粉粒 P 为（50.27±1.55）μm，E_0 为（25.51±1.11）μm，$E_{1/2}$ 为（22.24±1.04）μm，反映花粉相对大小的 $P×E_0$ 为（1283.52±84.90）μm²；花粉极面观为三裂圆形，赤面观为长球形，P/E_0 为（1.97±0.07），$P/E_{1/2}$ 为（2.26±0.10），$E_{1/2}/E_0$ 为（0.87±0.03）；花粉 RW 为（0.20±0.01）μm，FW 为（0.15±0.03）μm，条脊长且清晰，分叉多、整齐，纹饰特征为整体单一规则型（WRS，1 1 1）。PD 为（2.69±1.32）个 /μm²，分布均匀。穿孔大（图 5-67）。

68　粉红公主 (*M.* 'Pink Princess')

花粉粒 P 为（42.09±3.19）μm，E_0 为（28.64±3.00）μm，$E_{1/2}$ 为（22.60±2.30）μm，反映花粉相对大小的 $P×E_0$ 为（1206.96±171.39）μm²；花粉极面观为三裂圆形，赤面观为长球形，P/E_0 为（1.48±0.16），$P/E_{1/2}$ 为（1.88±0.20），$E_{1/2}/E_0$ 为（0.79±0.05）；花粉 RW 为（0.18±0.01）μm，FW 为（0.20±0.05）μm，条脊较长且清晰，分叉少、不整齐，纹饰特征为整体非单一规则型（WRM，1 1 0）。PD 为（3.22±1.63）个 /μm²，分布均匀。穿孔大（图 5-68）。

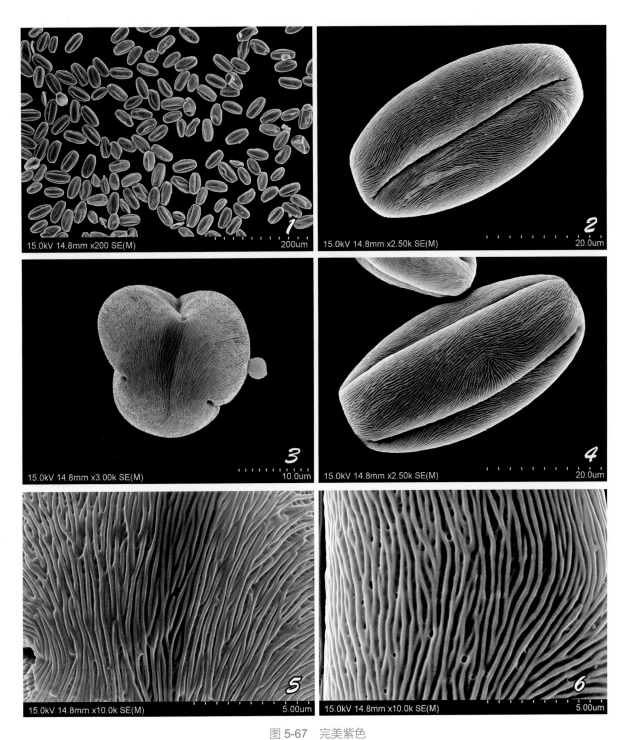

图 5-67　完美紫色

1. 群体；2. 赤面单沟；3. 极面观；4. 赤面双沟；5. 极面纹饰；6. 赤面纹饰

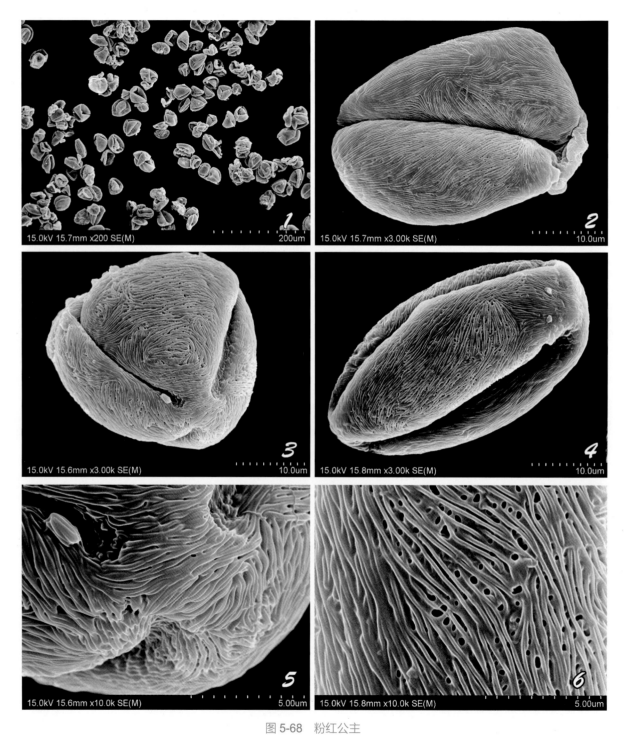

图 5-68　粉红公主

1. 群体；2. 赤面单沟；3. 极面观；4. 赤面双沟；5. 极面纹饰；6. 赤面纹饰

69 粉红楼阁 (*M*. 'Pink Spires')

花粉粒 P 为（51.60±1.42）μm，E_0 为（24.80±0.94）μm，$E_{1/2}$ 为（21.36±1.11）μm，反映花粉相对大小的 $P \times E_0$ 为（1280.18±73.47）μm²；花粉极面观为三裂圆形，赤面观为长球形，P/E_0 为（2.08±0.07），$P/E_{1/2}$ 为（2.42±0.12），$E_{1/2}/E_0$ 为（0.86±0.02）；花粉 RW 为（0.16±0.01）μm，FW 为（0.14±0.04）μm，条脊长且清晰，分叉少、整齐，纹饰特征为整体单一规则型（WRS，1 1 1）。PD 为（6.08±2.31）个 /μm²，分布不均匀且主要分布于赤面。穿孔中等（图 5-69）。

70 高原玫瑰 (*M*. 'Prairie Rose')

花粉粒 P 为（48.61±1.33）μm，E_0 为（22.53±1.02）μm，$E_{1/2}$ 为（19.02±0.99）μm，反映花粉相对大小的 $P \times E_0$ 为（1095.35±60.56）μm²；花粉极面观为三裂圆形，赤面观为长球形，P/E_0 为（2.16±0.11），$P/E_{1/2}$ 为（2.56±0.15），$E_{1/2}/E_0$ 为（0.84±0.03）；花粉 RW 为（0.19±0.02）μm，FW 为（0.18±0.05）μm，条脊长且清晰，分叉少、整齐，纹饰特征为整体单一规则型（WRS，1 1 1）。PD 为（3.52±2.66）个 /μm²，分布不均匀且主要分布于赤面。穿孔大（图 5-70）。

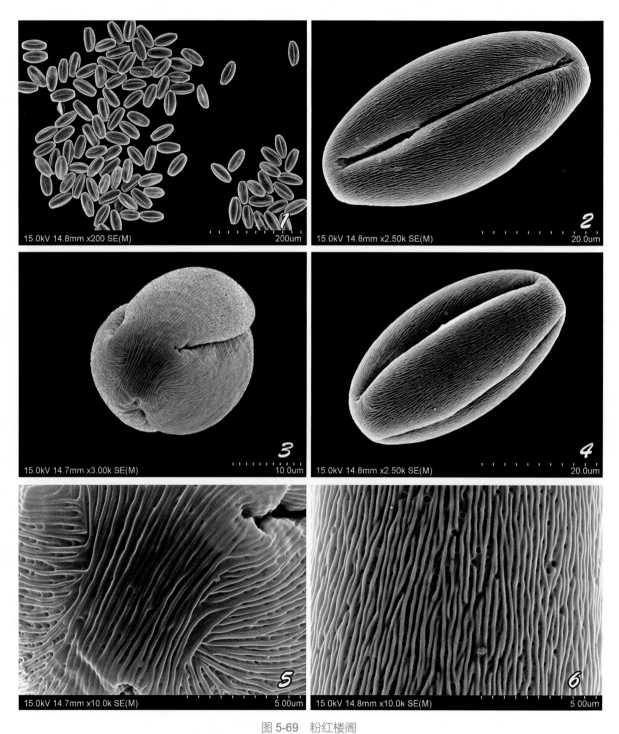

图 5-69　粉红楼阁

1. 群体；2. 赤面单沟；3. 极面观；4. 赤面双沟；5. 极面纹饰；6. 赤面纹饰

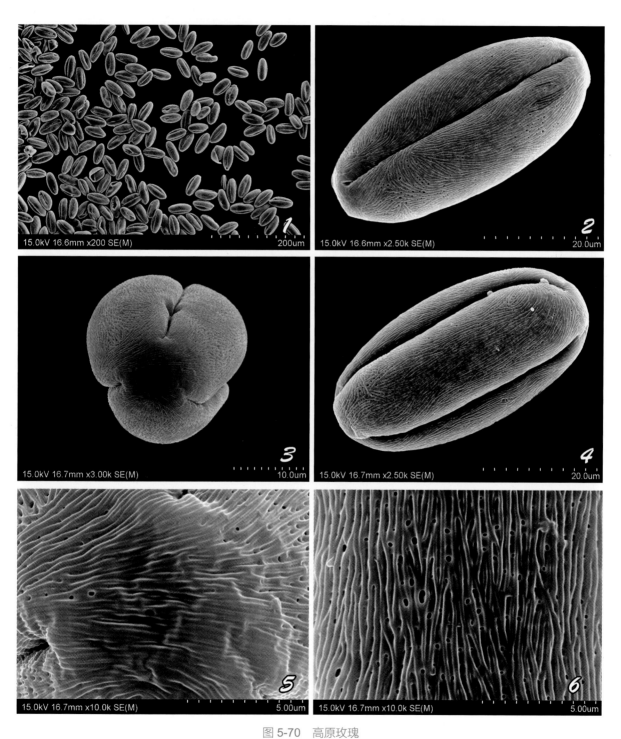

图 5-70　高原玫瑰

1. 群体；2. 赤面单沟；3. 极面观；4. 赤面双沟；5. 极面纹饰；6. 赤面纹饰

71 高原红 (*M.* 'Prairifire')

花粉粒 P 为（45.57±1.33）μm，E_0 为（23.91±1.19）μm，$E_{1/2}$ 为（20.61±1.20）μm，反映花粉相对大小的 $P×E_0$ 为（1090.12±73.67）μm²；花粉极面观为三裂圆形，赤面观为长球形，P/E_0 为（1.91±0.09），$P/E_{1/2}$ 为（2.22±0.14），$E_{1/2}/E_0$ 为（0.86±0.04）；花粉 RW 为（0.18±0.02）μm，FW 为（0.21±0.09）μm，条脊较长且较清晰，分叉多、不整齐，纹饰特征为局部非单一规则型（PRM，1 0 0）。PD 为（9.31±2.24）个 /μm²，分布不均匀且主要分布于赤面。穿孔大（图 5-71）。

72 斯普伦格教授 (*M.* 'Professor Sprenger')

花粉粒 P 为（41.71±1.65）μm，E_0 为（22.99±1.27）μm，$E_{1/2}$ 为（19.50±1.40）μm，反映花粉相对大小的 $P×E_0$ 为（959.16±71.72）μm²；花粉极面观为三裂圆形，赤面观为长球形，P/E_0 为（1.82±0.11），$P/E_{1/2}$ 为（2.15±0.16），$E_{1/2}/E_0$ 为（0.85±0.04）；花粉 RW 为（0.20±0.03）μm，FW 为（0.14±0.03）μm，条脊短且较清晰，无分叉、不整齐，纹饰特征为整体单一规则型（WRS，1 1 1）。无穿孔（图 5-72）。

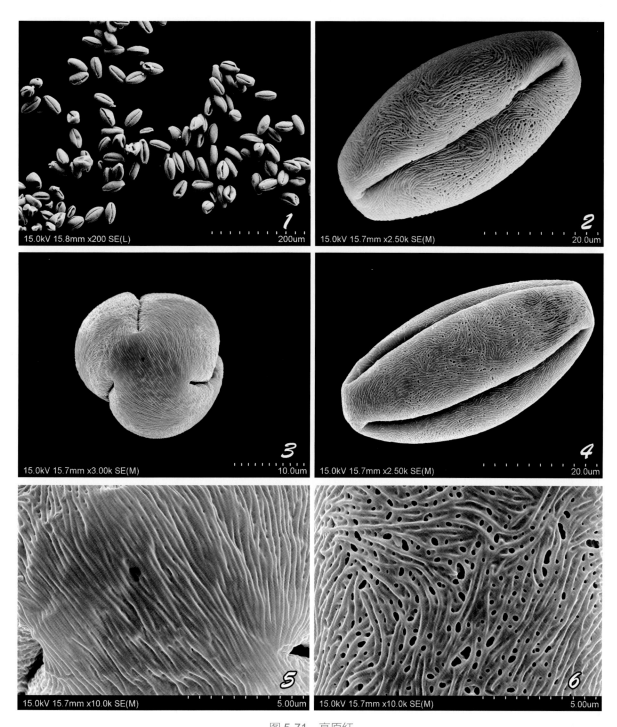

图 5-71　高原红
1. 群体；2. 赤面单沟；3. 极面观；4. 赤面双沟；5. 极面纹饰；6. 赤面纹饰

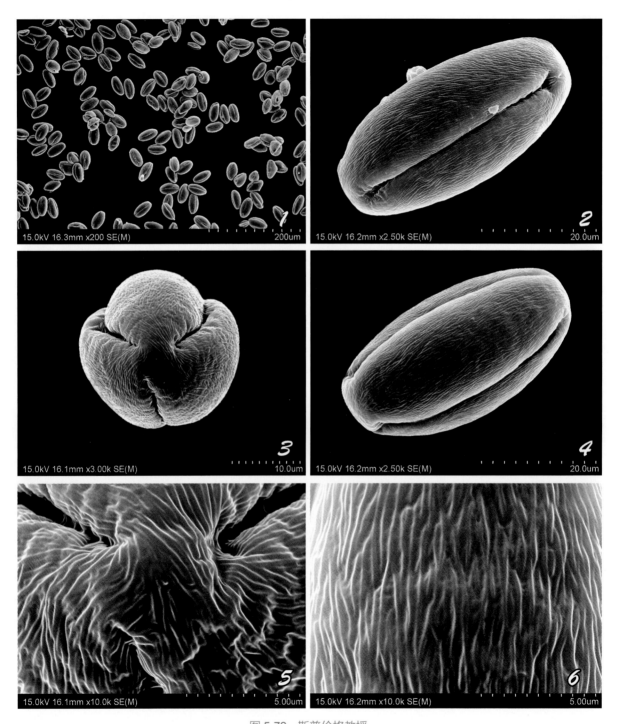

图 5-72　斯普伦格教授

1. 群体；2. 赤面单沟；3. 极面观；4. 赤面双沟；5. 极面纹饰；6. 赤面纹饰

73　丰盛 (*M.* 'Profusion')

　　花粉粒 P 为（50.56±1.88）μm，E_0 为（24.21±1.01）μm，$E_{1/2}$ 为（20.90±0.79）μm，反映花粉相对大小的 $P×E_0$ 为（1224.67±73.14）μm²；花粉极面观为三裂圆形，赤面观为长球形，P/E_0 为（2.09±0.11），$P/E_{1/2}$ 为（2.42±0.11），$E_{1/2}/E_0$ 为（0.86±0.03）；花粉 RW 为（0.16±0.01）μm，FW 为（0.14±0.04）μm，条脊较长且清晰，分叉多、较整齐，纹饰特征为局部单一规则型（PRS，1 0 1）。PD 为（0.47±0.47）个/μm²，分布均匀。穿孔中等（图 5-73）。

74　紫宝石 (*M.* 'Purple Gems')

　　花粉粒 P 为（41.67±2.21）μm，E_0 为（25.86±2.88）μm，$E_{1/2}$ 为（21.37±2.29）μm，反映花粉相对大小的 $P×E_0$ 为（1078.16±137.76）μm²；花粉极面观为三裂圆形，赤面观为长球形，P/E_0 为（1.63±0.18），$P/E_{1/2}$ 为（1.97±0.22），$E_{1/2}/E_0$ 为（0.83±0.05）；花粉 RW 为（0.18±0.02）μm，FW 为（0.05±0.02）μm，条脊短且不清晰，无分叉、不整齐，纹饰特征为整体非单一规则型（WRM，1 1 0）。无穿孔（图 5-74）。

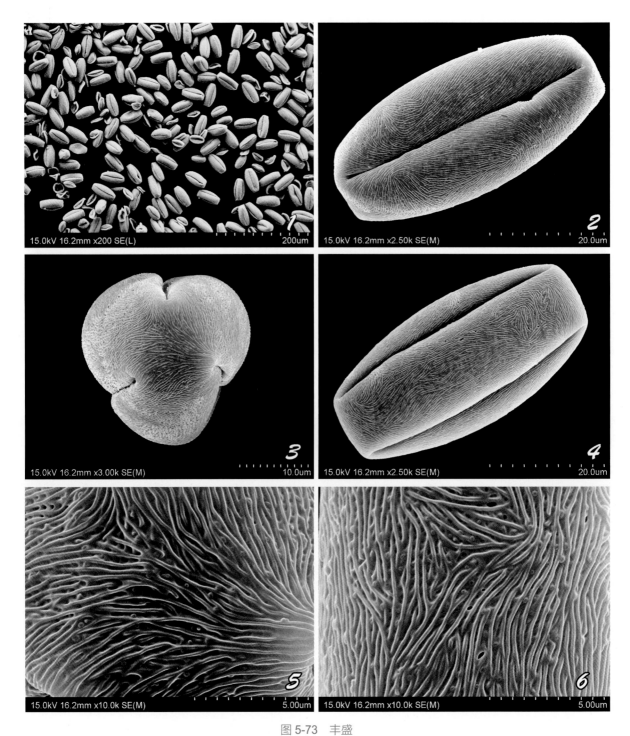

图 5-73　丰盛

1. 群体；2. 赤面单沟；3. 极面观；4. 赤面双沟；5. 极面纹饰；6. 赤面纹饰

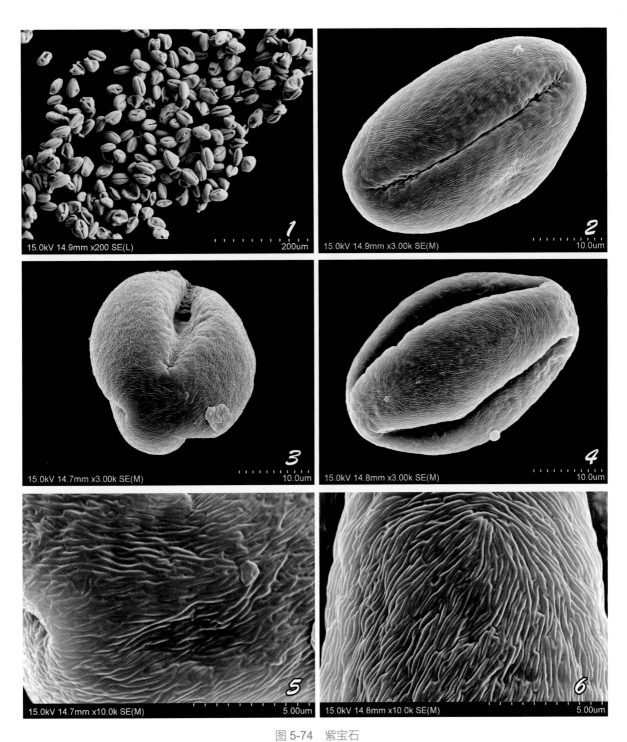

图 5-74　紫宝石

1. 群体；2. 赤面单沟；3. 极面观；4. 赤面双沟；5. 极面纹饰；6. 赤面纹饰

75 紫王子 (*M.* 'Purple Prince')

花粉粒 P 为（46.13±1.77）μm，E_0 为（23.21±1.10）μm，$E_{1/2}$ 为（19.84±1.17）μm，反映花粉相对大小的 $P×E_0$ 为（1070.99±73.10）μm²；花粉极面观为三裂圆形，赤面观为长球形，P/E_0 为（1.99±0.10），$P/E_{1/2}$ 为（2.33±0.14），$E_{1/2}/E_0$ 为（0.86±0.04）；花粉 RW 为（0.23±0.02）μm，FW 为（0.15±0.04）μm，条脊较长且清晰，分叉少、不整齐，纹饰特征为局部非单一规则型（PRM，1 0 0）。无穿孔（图 5-75）。

76 内维尔·柯普曼 (*M. purpurei* 'Neville Copeman')

花粉粒 P 为（42.69±1.86）μm，E_0 为（23.46±1.37）μm，$E_{1/2}$ 为（19.80±1.16）μm，反映花粉相对大小的 $P×E_0$ 为（1001.57±68.97）μm²；花粉极面观为三裂圆形，赤面观为长球形，P/E_0 为（1.83±0.13），$P/E_{1/2}$ 为（2.16±0.14），$E_{1/2}/E_0$ 为（0.84±0.04）；花粉 RW 为（0.18±0.02）μm，FW 为（0.13±0.04）μm，条脊长且清晰，分叉少、较整齐，纹饰特征为整体单一规则型（WRS，1 1 1）。PD 为（0.92±1.15）个 /μm²，分布均匀。穿孔中等（图 5-76）。

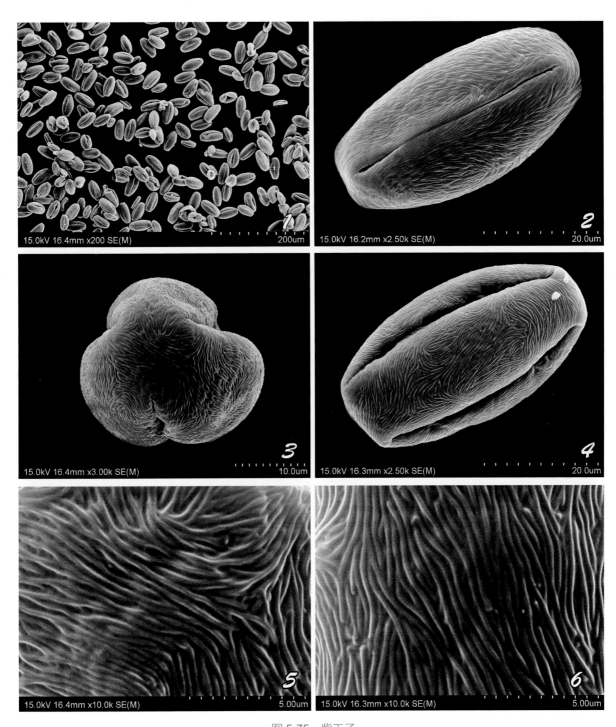

图 5-75　紫王子
1. 群体；2. 赤面单沟；3. 极面观；4. 赤面双沟；5. 极面纹饰；6. 赤面纹饰

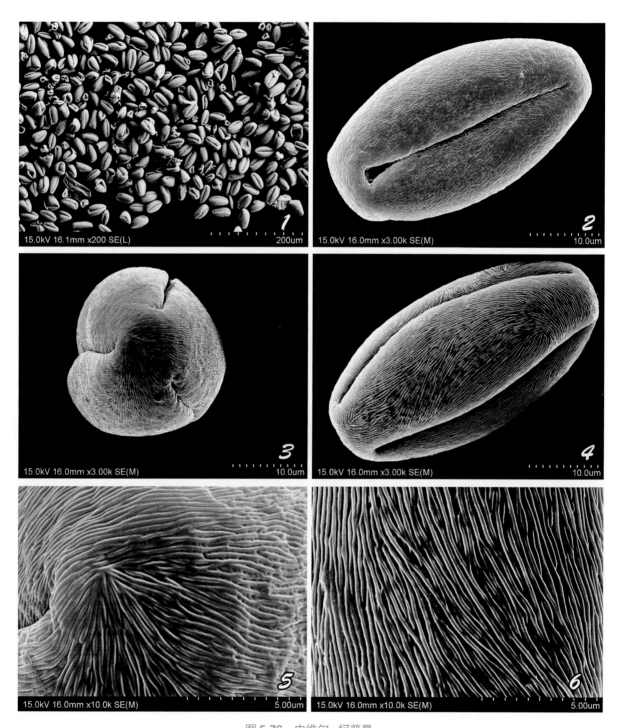

图 5-76　内维尔·柯普曼

1. 群体；2. 赤面单沟；3. 极面观；4. 赤面双沟；5. 极面纹饰；6. 赤面纹饰

77 洋溢 (*M.* 'Radiant')

花粉粒 P 为（46.39±0.74）μm，E_0 为（23.06±1.18）μm，$E_{1/2}$ 为（19.62±1.02）μm，反映花粉相对大小的 $P×E_0$ 为（1069.97±59.84）μm²；花粉极面观为三裂圆形，赤面观为长球形，P/E_0 为（2.02±0.10），$P/E_{1/2}$ 为（2.37±0.12），$E_{1/2}/E_0$ 为（0.85±0.04）；花粉 RW 为（0.19±0.03）μm，FW 为（0.08±0.02）μm，条脊较长且清晰，分叉少、较整齐，纹饰特征为整体非单一规则型（WRM，１１０）。无穿孔（图5-77）。

78 红巴伦 (*M.* 'Red Barron')

花粉粒 P 为（45.89±5.18）μm，E_0 为（23.56±3.57）μm，$E_{1/2}$ 为（20.03±3.20）μm，反映花粉相对大小的 $P×E_0$ 为（1096.71±273.82）μm²；花粉极面观为三裂圆形，赤面观为长球形，P/E_0 为（1.96±0.14），$P/E_{1/2}$ 为（2.31±0.20），$E_{1/2}/E_0$ 为（0.85±0.05）；花粉 RW 为（0.16±0.01）μm，FW 为（0.15±0.04）μm，条脊短且清晰，分叉多、不整齐，纹饰特征为局部单一规则型（PRS，１０１）。PD 为（5.04±2.11）个/μm²，分布不均匀且主要分布于赤面。穿孔中等（图5-78）。

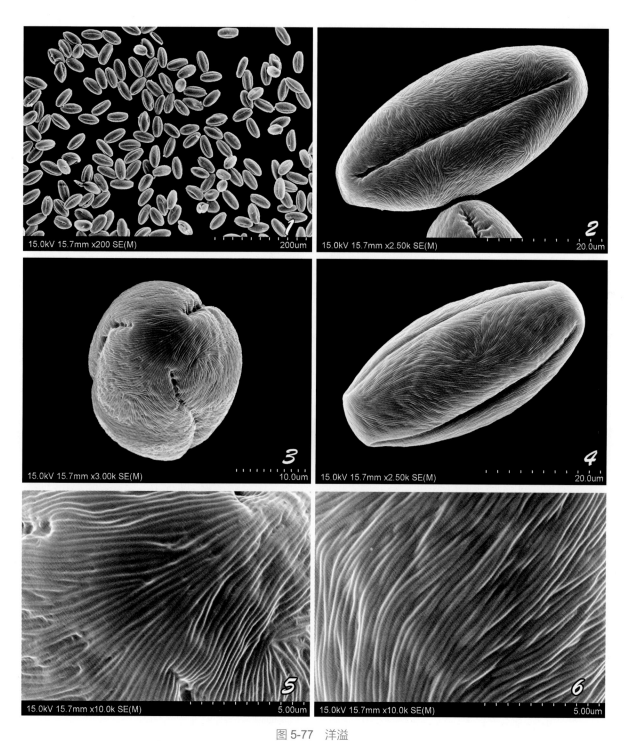

图 5-77　洋溢

1. 群体；2. 赤面单沟；3. 极面观；4. 赤面双沟；5. 极面纹饰；6. 赤面纹饰

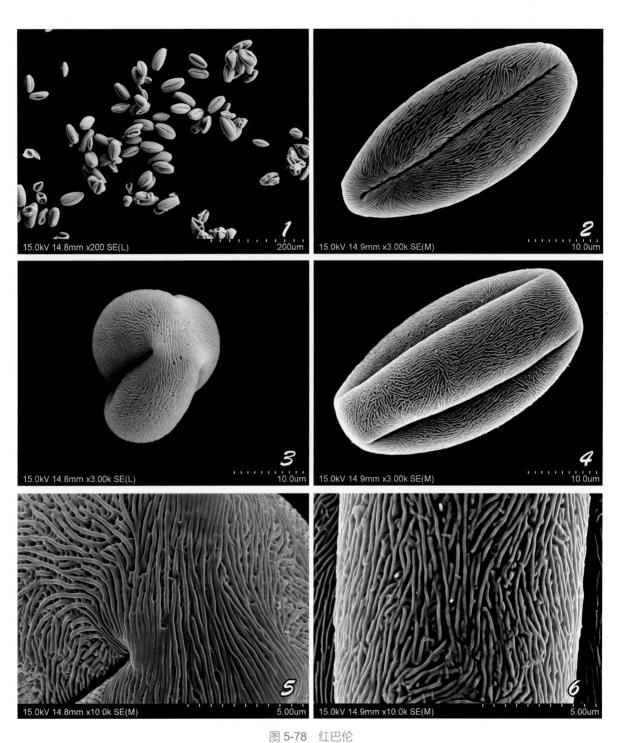

图 5-78　红巴伦

1. 群体；2. 赤面单沟；3. 极面观；4. 赤面双沟；5. 极面纹饰；6. 赤面纹饰

79 红玉 (*M.* 'Red Jade')

花粉粒 P 为（44.30±1.53）μm，E_0 为（23.49±1.13）μm，$E_{1/2}$ 为（20.02±0.99）μm，反映花粉相对大小的 $P \times E_0$ 为（1041.23±70.30）μm²；花粉极面观为三裂圆形，赤面观为长球形，P/E_0 为（1.89±0.09），$P/E_{1/2}$ 为（2.22±0.12），$E_{1/2}/E_0$ 为（0.85±0.04）；花粉 RW 为（0.15±0.01）μm，FW 为（0.12±0.04）μm，条脊较长且清晰，分叉多、整齐，纹饰特征为整体单一规则型（WRS，1 1 1）。PD 为（0.63±0.61）个 /μm²，分布均匀。穿孔小（图 5-79）。

80 红哨兵 (*M.* 'Red Sentinel')

花粉粒 P 为（44.03±1.40）μm，E_0 为（22.10±1.17）μm，$E_{1/2}$ 为（19.17±1.04）μm，反映花粉相对大小的 $P \times E_0$ 为（973.73±66.69）μm²；花粉极面观为三裂圆形，赤面观为长球形，P/E_0 为（2.00±0.10），$P/E_{1/2}$ 为（2.30±0.13），$E_{1/2}/E_0$ 为（0.87±0.03）；花粉 RW 为（0.24±0.02）μm，FW 为（0.10±0.04）μm，条脊较长且清晰，分叉少、整齐，纹饰特征为整体非单一规则型（WRM，1 1 0）。无穿孔（图 5-80）。

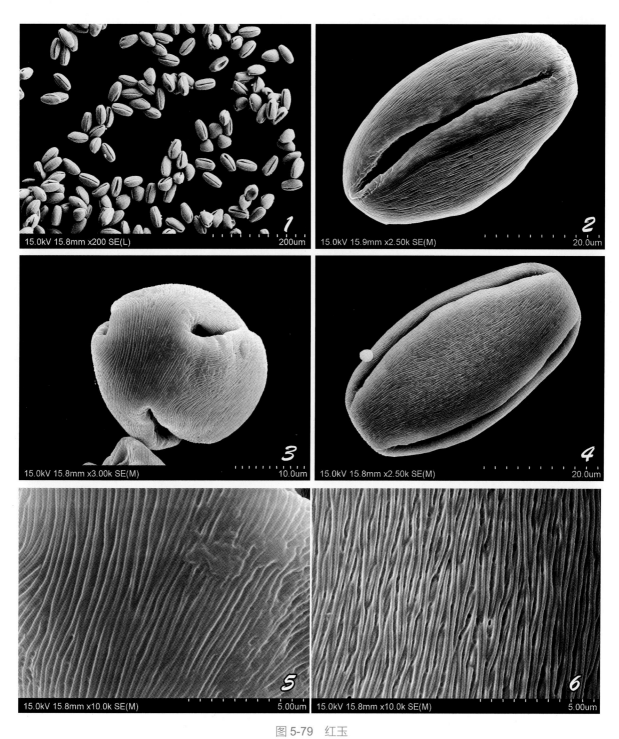

图 5-79 红玉

1. 群体；2. 赤面单沟；3. 极面观；4. 赤面双沟；5. 极面纹饰；6. 赤面纹饰

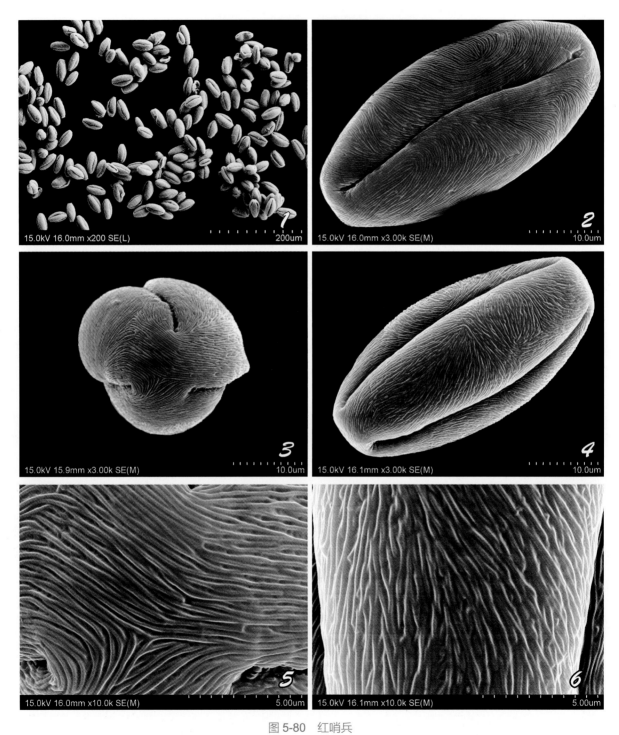

图 5-80 红哨兵

1. 群体；2. 赤面单沟；3. 极面观；4. 赤面双沟；5. 极面纹饰；6. 赤面纹饰

81 红丽 (*M.* 'Red Splendor')

花粉粒 P 为（46.01±1.34）μm，E_0 为（22.24±1.24）μm，$E_{1/2}$ 为（19.11±0.89）μm，反映花粉相对大小的 $P×E_0$ 为（1023.69±67.73）μm²；花粉极面观为三裂圆形，赤面观为长球形，P/E_0 为（2.07±0.12），$P/E_{1/2}$ 为（2.41±0.10），$E_{1/2}/E_0$ 为（0.86±0.03）；花粉 RW 为（0.20±0.02）μm，FW 为（0.16±0.05）μm，条脊长且清晰，分叉少、整齐，纹饰特征为整体单一规则型（WRS，1 1 1）。PD 为（3.56±1.81）个 /μm²，分布不均匀且主要分布于赤面。穿孔中等（图 5-81）。

82 丽格 (*M.* 'Regal')

花粉粒 P 为（43.10±2.15）μm，E_0 为（24.84±1.45）μm，$E_{1/2}$ 为（20.90±1.56）μm，反映花粉相对大小的 $P×E_0$ 为（1069.39±63.98）μm²；花粉极面观为三裂圆形，赤面观为长球形，P/E_0 为（1.74±0.15），$P/E_{1/2}$ 为（2.08±0.21），$E_{1/2}/E_0$ 为（0.84±0.04）；花粉 RW 无，FW 无，条脊无且 0，无分叉，纹饰特征为不规则型（IR，0 0 0）。无穿孔（图 5-82）。

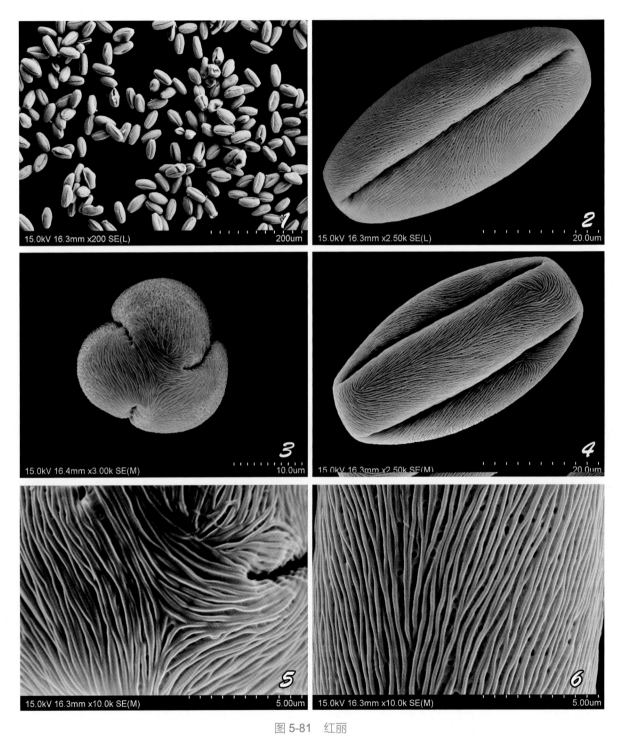

图 5-81　红丽

1. 群体；2. 赤面单沟；3. 极面观；4. 赤面双沟；5. 极面纹饰；6. 赤面纹饰

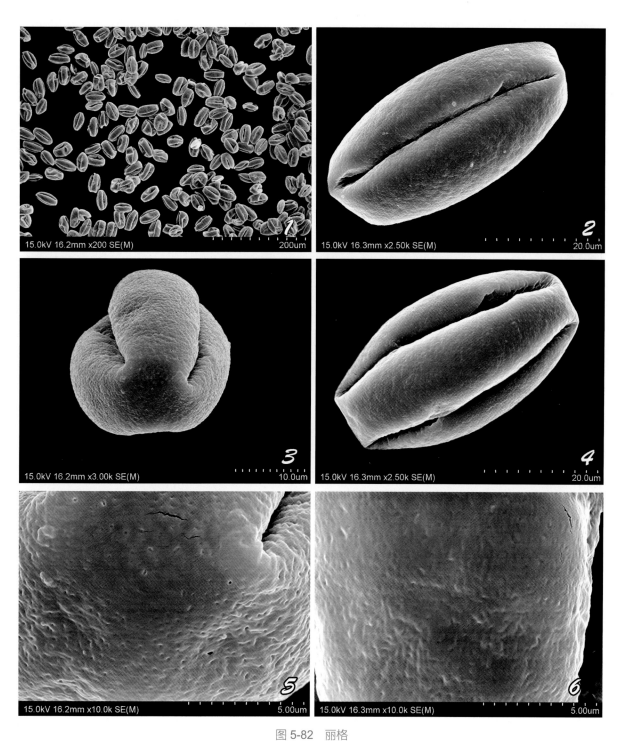

图 5-82 丽格

1. 群体；2. 赤面单沟；3. 极面观；4. 赤面双沟；5. 极面纹饰；6. 赤面纹饰

83 罗宾逊 (*M.* 'Robinson')

花粉粒 P 为（45.10±2.10）μm，E_0 为（22.22±0.99）μm，$E_{1/2}$ 为（18.64±1.03）μm，反映花粉相对大小的 $P×E_0$ 为（1002.18±64.02）μm²；花粉极面观为三裂圆形，赤面观为长球形，P/E_0 为（2.03±0.13），$P/E_{1/2}$ 为（2.43±0.19），$E_{1/2}/E_0$ 为（0.84±0.05）；花粉 RW 为（0.21±0.02）μm，FW 为（0.15±0.06）μm，条脊较长且清晰，分叉多、不整齐，纹饰特征为整体非单一规则型（WRM，1 1 0）。无穿孔（图 5-83）。

84 罗格 (*M.* 'Roger's Selection')

花粉粒 P 为（46.63±2.08）μm，E_0 为（26.00±1.38）μm，$E_{1/2}$ 为（20.95±1.40）μm，反映花粉相对大小的 $P×E_0$ 为（1213.15±92.14）μm²；花粉极面观为三裂圆形，赤面观为长球形，P/E_0 为（1.80±0.11），$P/E_{1/2}$ 为（2.23±0.17），$E_{1/2}/E_0$ 为（0.81±0.06）；花粉 RW 为（0.19±0.02）μm，FW 为（0.19±0.04）μm，条脊较长且不清晰，分叉多、不整齐，纹饰特征为不规则型（IR，0 0 0）。PD 为（1.88±2.24）个 /μm²，分布均匀。穿孔大（图 5-84）。

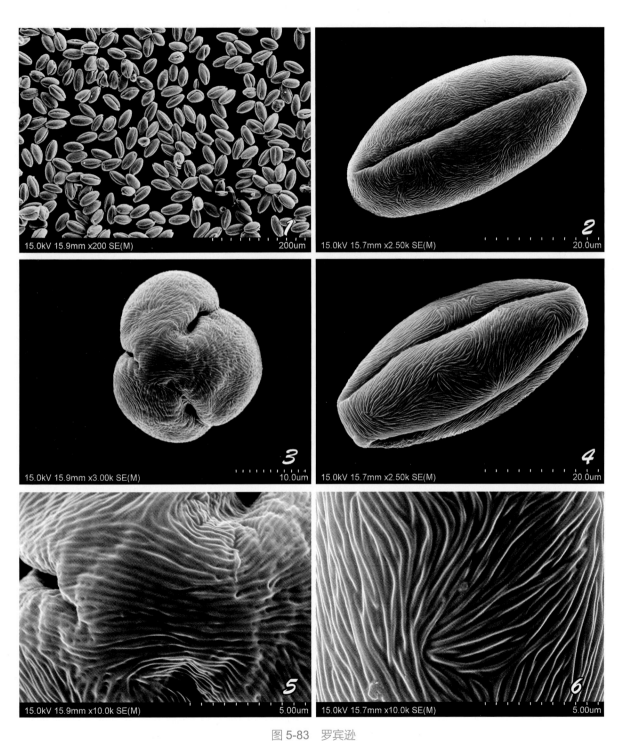

图 5-83 罗宾逊

1. 群体；2. 赤面单沟；3. 极面观；4. 赤面双沟；5. 极面纹饰；6. 赤面纹饰

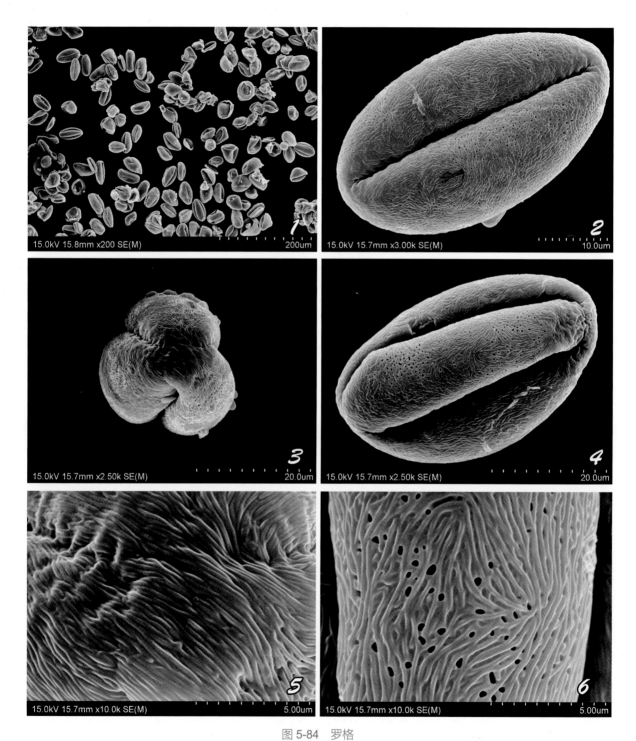

图 5-84　罗格

1. 群体；2. 赤面单沟；3. 极面观；4. 赤面双沟；5. 极面纹饰；6. 赤面纹饰

85 皇家美人 (*M.* 'Royal Beauty')

花粉粒 P 为（41.43±2.24）μm，E_0 为（21.79±1.42）μm，$E_{1/2}$ 为（18.06±1.41）μm，反映花粉相对大小的 $P×E_0$ 为（903.05±79.98）μm²；花粉极面观为三裂圆形，赤面观为长球形，P/E_0 为（1.91±0.15），$P/E_{1/2}$ 为（2.30±0.17），$E_{1/2}/E_0$ 为（0.83±0.04）；花粉 RW 为（0.17±0.02）μm，FW 为（0.13±0.04）μm，条脊长且清晰，分叉少、不整齐，纹饰特征为整体非单一规则型（WRM，１１０）。PD 为（3.15±1.00）个 /μm²，分布均匀。穿孔大（图 5-85）。

86 皇家宝石 (*M.* 'Royal Gem')

花粉粒 P 为（49.02±1.77）μm，E_0 为（24.17±0.99）μm，$E_{1/2}$ 为（20.23±1.17）μm，反映花粉相对大小的 $P×E_0$ 为（1184.98±69.40）μm²；花粉极面观为三裂圆形，赤面观为长球形，P/E_0 为（2.03±0.10），$P/E_{1/2}$ 为（2.43±0.17），$E_{1/2}/E_0$ 为（0.84±0.04）；花粉 RW 为（0.16±0.02）μm，FW 为（0.14±0.03）μm，条脊长且较清晰，分叉少、较整齐，纹饰特征为整体非单一规则型（WRM，１１０）。PD 为（7.47±1.89）个 /μm²，分布不均匀且萌发沟两侧较多。穿孔大（图 5-86）。

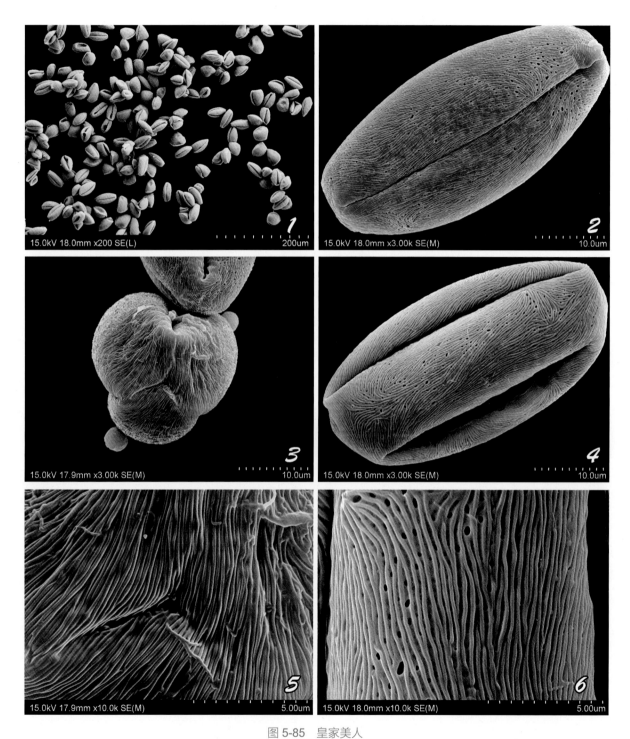

图 5-85 皇家美人

1. 群体；2. 赤面单沟；3. 极面观；4. 赤面双沟；5. 极面纹饰；6. 赤面纹饰

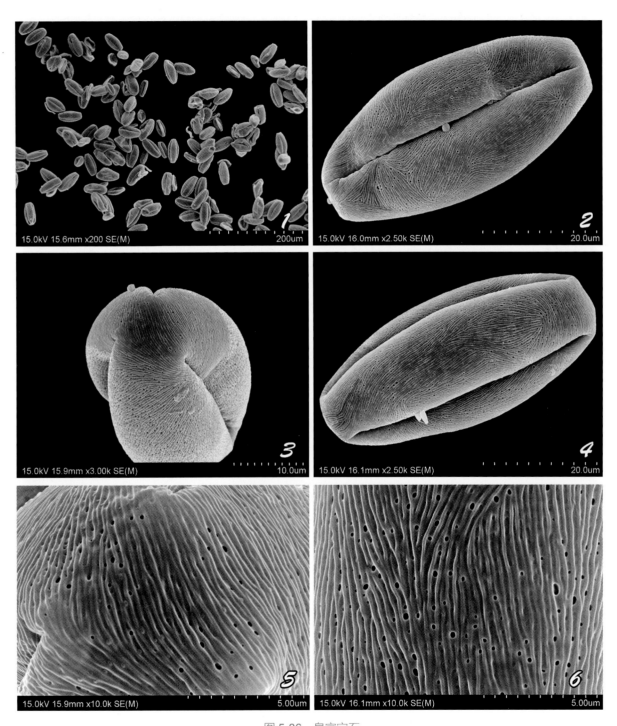

图 5-86 皇家宝石
1. 群体；2. 赤面单沟；3. 极面观；4. 赤面双沟；5. 极面纹饰；6. 赤面纹饰

87 紫雨滴 (*M.* 'Royal Raindrop')

花粉粒 P 为（43.41±1.14）µm，E_0 为（21.35±1.14）µm，$E_{1/2}$ 为（18.15±1.00）µm，反映花粉相对大小的 $P \times E_0$ 为（927.62±64.72）µm²；花粉极面观为三裂圆形，赤面观为长球形，P/E_0 为（2.04±0.10），$P/E_{1/2}$ 为（2.40±0.11），$E_{1/2}/E_0$ 为（0.85±0.04）；花粉 RW 为（0.18±0.01）µm，FW 为（0.19±0.06）µm，条脊长且清晰，分叉少、不整齐，纹饰特征为整体非单一规则型（WRM，1 1 0）。PD 为（1.01±1.05）个/µm²，分布不均匀且萌发沟两侧较多。穿孔中等（图 5-87）。

88 皇家 (*M.* 'Royalty')

花粉粒 P 为（37.75±2.91）µm，E_0 为（22.32±2.41）µm，$E_{1/2}$ 为（18.76±2.21）µm，反映花粉相对大小的 $P \times E_0$ 为（847.14±142.20）µm²；花粉极面观为三裂圆形，赤面观为长球形，P/E_0 为（1.70±0.13），$P/E_{1/2}$ 为（2.03±0.18），$E_{1/2}/E_0$ 为（0.84±0.05）；花粉 RW 为（0.18±0.03）µm，FW 为（0.06±0.02）µm，条脊短且较清晰，无分叉、不整齐，纹饰特征为不规则型（IR，0 0 0）。无穿孔（图 5-88）。

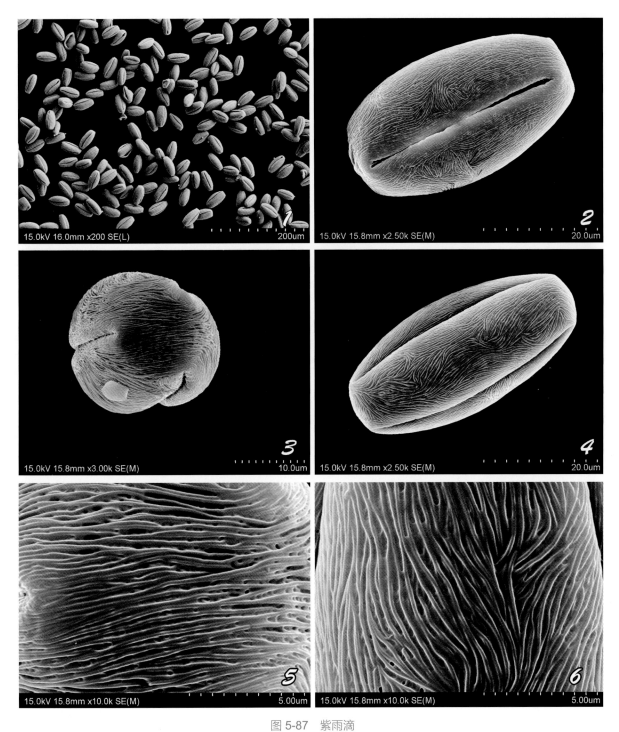

图 5-87 紫雨滴

1. 群体；2. 赤面单沟；3. 极面观；4. 赤面双沟；5. 极面纹饰；6. 赤面纹饰

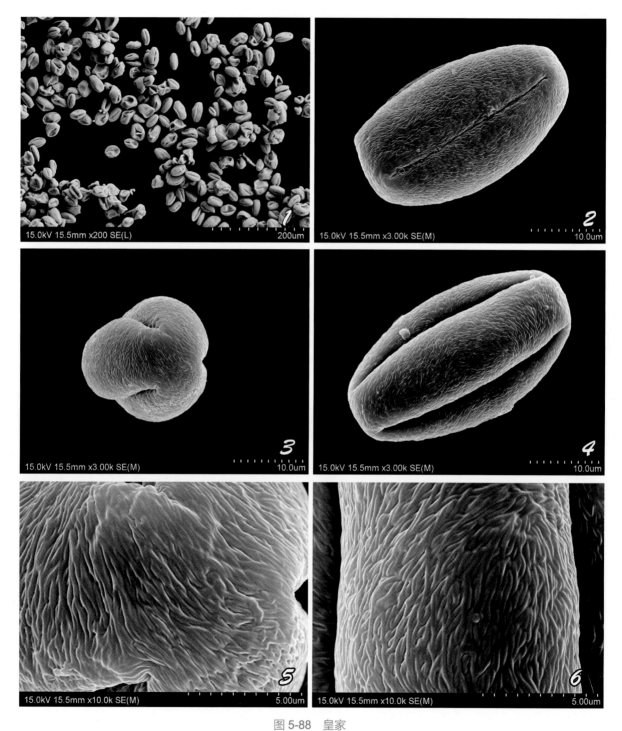

图 5-88 皇家

1. 群体；2. 赤面单沟；3. 极面观；4. 赤面双沟；5. 极面纹饰；6. 赤面纹饰

89 鲁道夫 (*M.* 'Rudolph')

花粉粒 P 为（47.51±1.39）μm，E_0 为（23.04±0.90）μm，$E_{1/2}$ 为（19.92±1.00）μm，反映花粉相对大小的 $P \times E_0$ 为（1095.17±59.04）μm²；花粉极面观为三裂圆形，赤面观为长球形，P/E_0 为（2.06±0.09），$P/E_{1/2}$ 为（2.39±0.14），$E_{1/2}/E_0$ 为（0.86±0.04）；花粉 RW 为（0.24±0.03）μm，FW 为（0.10±0.02）μm，条脊长且清晰，分叉少、较整齐，纹饰特征为整体单一规则型（WRS，1 1 1）。PD 为（1.40±1.31）个 /μm²，分布不均匀且萌发沟两侧较多。穿孔小（图 5-89）。

90 朗姆酒 (*M.* 'Rum')

花粉粒 P 为（44.06±1.55）μm，E_0 为（23.04±1.48）μm，$E_{1/2}$ 为（19.60±1.01）μm，反映花粉相对大小的 $P \times E_0$ 为（1015.38±78.16）μm²；花粉极面观为三裂圆形，赤面观为长球形，P/E_0 为（1.92±0.12），$P/E_{1/2}$ 为（2.25±0.13），$E_{1/2}/E_0$ 为（0.85±0.04）；花粉 RW 为（0.20±0.03）μm，FW 为（0.11±0.03）μm，条脊短且较清晰，分叉多、整齐，纹饰特征为整体单一规则型（WRS，1 1 1）。无穿孔（图 5-90）。

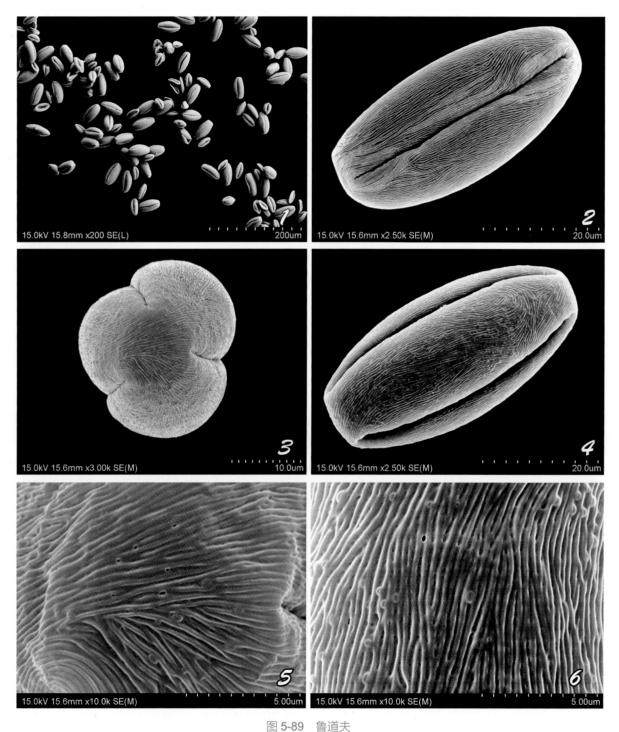

图 5-89　鲁道夫

1. 群体；2. 赤面单沟；3. 极面观；4. 赤面双沟；5. 极面纹饰；6. 赤面纹饰

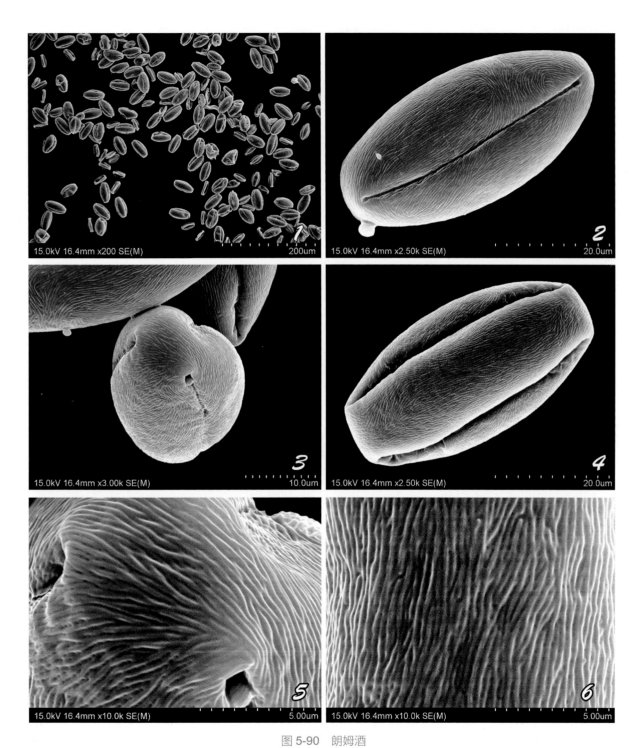

图 5-90　朗姆酒

1. 群体；2. 赤面单沟；3. 极面观；4. 赤面双沟；5. 极面纹饰；6. 赤面纹饰

91 时光秀 (*M*. 'Show Time')

花粉粒 P 为（42.04±1.70）μm，E_0 为（21.86±1.01）μm，$E_{1/2}$ 为（18.63±1.27）μm，反映花粉相对大小的 $P \times E_0$ 为（919.46±62.24）μm²；花粉极面观为三裂圆形，赤面观为长球形，P/E_0 为（1.93±0.10），$P/E_{1/2}$ 为（2.26±0.16），$E_{1/2}/E_0$ 为（0.85±0.04）；花粉 RW 为（0.25±0.03）μm，FW 为（0.21±0.09）μm，条脊短且清晰，无分叉、不整齐，纹饰特征为不规则型（IR，0 0 0）。无穿孔（图 5-91）。

92 香雪海 (*M*. 'Snowdrift')

花粉粒 P 为（45.49±1.58）μm，E_0 为（23.03±1.09）μm，$E_{1/2}$ 为（19.25±1.18）μm，反映花粉相对大小的 $P \times E_0$ 为（1047.75±65.02）μm²；花粉极面观为三裂圆形，赤面观为长球形，P/E_0 为（1.98±0.11），$P/E_{1/2}$ 为（2.37±0.15），$E_{1/2}/E_0$ 为（0.84±0.03）；花粉 RW 为（0.22±0.04）μm，FW 为（0.14±0.03）μm，条脊短且较清晰，分叉多、不整齐，纹饰特征为不规则型（IR，0 0 0）。无穿孔（图 5-92）。

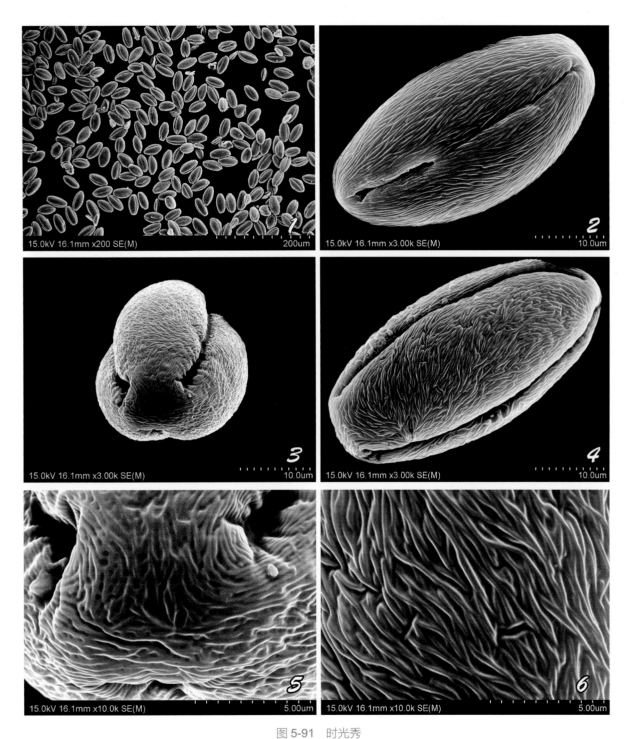

图 5-91　时光秀
1. 群体；2. 赤面单沟；3. 极面观；4. 赤面双沟；5. 极面纹饰；6. 赤面纹饰

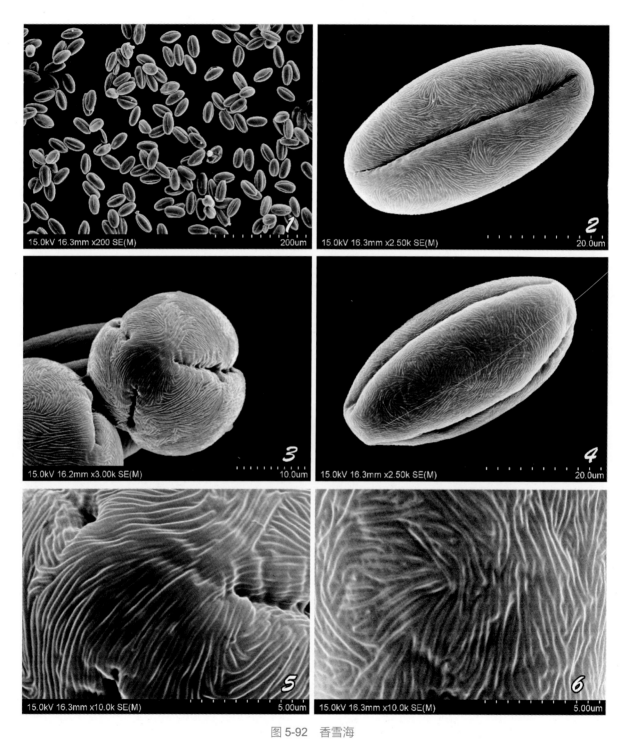

图 5-92　香雪海

1. 群体；2. 赤面单沟；3. 极面观；4. 赤面双沟；5. 极面纹饰；6. 赤面纹饰

93 钻石 (*M. 'Sparkler'*)

花粉粒 P 为（42.88 ± 2.00）μm，E_0 为（22.44 ± 1.10）μm，$E_{1/2}$ 为（19.39 ± 0.99）μm，反映花粉相对大小的 $P \times E_0$ 为（962.99 ± 77.30）μm²；花粉极面观为三裂圆形，赤面观为长球形，P/E_0 为（1.91 ± 0.10），$P/E_{1/2}$ 为（2.21 ± 0.10），$E_{1/2}/E_0$ 为（0.86 ± 0.03）；花粉 RW 为（0.17 ± 0.03）μm，FW 为（0.11 ± 0.04）μm，条脊长且较清晰，分叉少、整齐，纹饰特征为整体非单一规则型（WRM，1 1 0）。PD 为（0.33 ± 0.24）个 /μm²，分布均匀。穿孔小（图 5-93）。

94 春之颂 (*M. 'Spring Glory'*)

花粉粒 P 为（45.84 ± 1.88）μm，E_0 为（22.30 ± 0.97）μm，$E_{1/2}$ 为（18.66 ± 1.25）μm，反映花粉相对大小的 $P \times E_0$ 为（1023.03 ± 76.89）μm²；花粉极面观为三裂圆形，赤面观为长球形，P/E_0 为（2.06 ± 0.08），$P/E_{1/2}$ 为（2.46 ± 0.14），$E_{1/2}/E_0$ 为（0.84 ± 0.05）；花粉 RW 为（0.22 ± 0.02）μm，FW 为（0.12 ± 0.03）μm，条脊较长且清晰，分叉少、整齐，纹饰特征为整体单一规则型（WRS，1 1 1）。PD 为（1.74 ± 1.11）个 /μm²，分布不均匀且主要分布于赤面。穿孔小（图 5-94）。

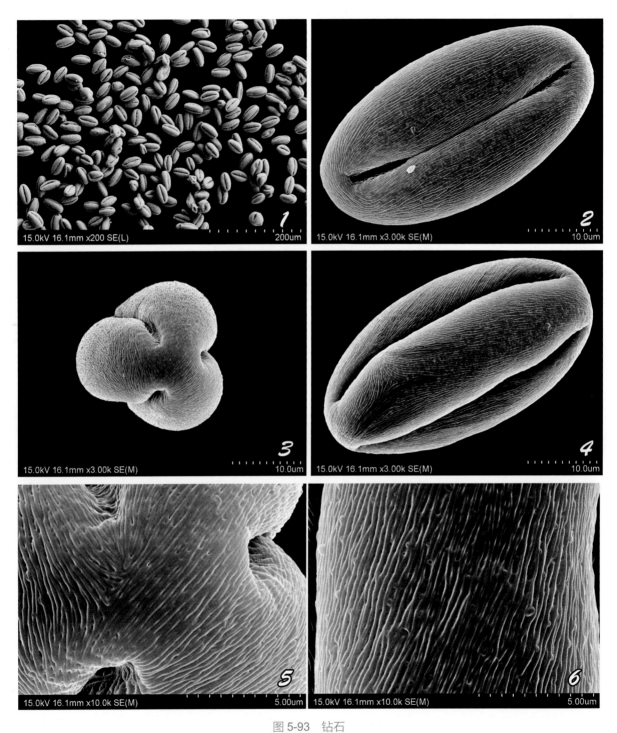

图 5-93　钻石

1. 群体；2. 赤面单沟；3. 极面观；4. 赤面双沟；5. 极面纹饰；6. 赤面纹饰

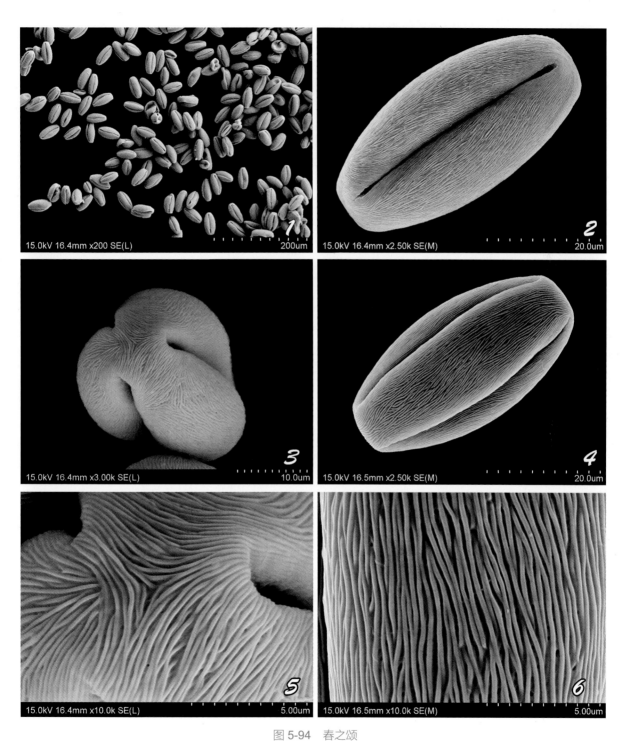

图 5-94 春之颂

1. 群体；2. 赤面单沟；3. 极面观；4. 赤面双沟；5. 极面纹饰；6. 赤面纹饰

95 春之韵 (*M.* 'Spring Sensation')

　　花粉粒 P 为（46.89±1.94）μm，E_0 为（24.86±0.96）μm，$E_{1/2}$ 为（21.59±1.10）μm，反映花粉相对大小的 $P×E_0$ 为（1165.95±68.67）μm²；花粉极面观为三裂圆形，赤面观为长球形，P/E_0 为（1.89±0.10），$P/E_{1/2}$ 为（2.18±0.18），$E_{1/2}/E_0$ 为（0.87±0.05）；花粉 RW 为（0.22±0.05）μm，FW 为（0.18±0.05）μm，条脊较长且不清晰，分叉多、不整齐，纹饰特征为整体非单一规则型（WRM，1 1 0）。PD 为（9.92±2.25）个/μm²，分布不均匀且主要分布于赤面。穿孔大（图5-95）。

96 春之雪 (*M.* 'Spring Snow')

　　花粉粒 P 为（46.75±1.65）μm，E_0 为（23.92±0.89）μm，$E_{1/2}$ 为（20.64±0.93）μm，反映花粉相对大小的 $P×E_0$ 为（1118.64±69.67）μm²；花粉极面观为三裂圆形，赤面观为长球形，P/E_0 为（1.96±0.07），$P/E_{1/2}$ 为（2.27±0.08），$E_{1/2}/E_0$ 为（0.86±0.04）；花粉 RW 为（0.20±0.02）μm，FW 为（0.09±0.02）μm，条脊较长且清晰，分叉少、整齐，纹饰特征为整体单一规则型（WRS，1 1 1）。PD 为（1.00±0.62）个/μm²，分布均匀。穿孔小（图5-96）。

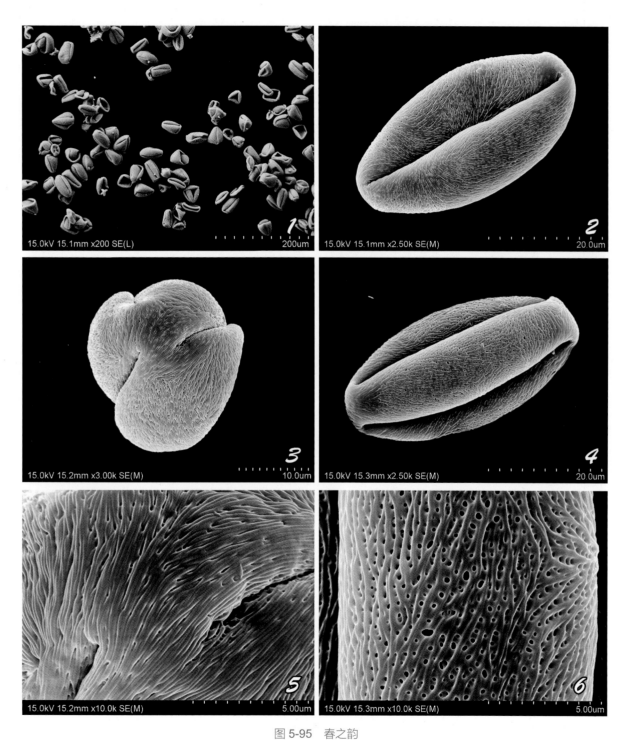

图 5-95 春之韵
1. 群体；2. 赤面单沟；3. 极面观；4. 赤面双沟；5. 极面纹饰；6. 赤面纹饰

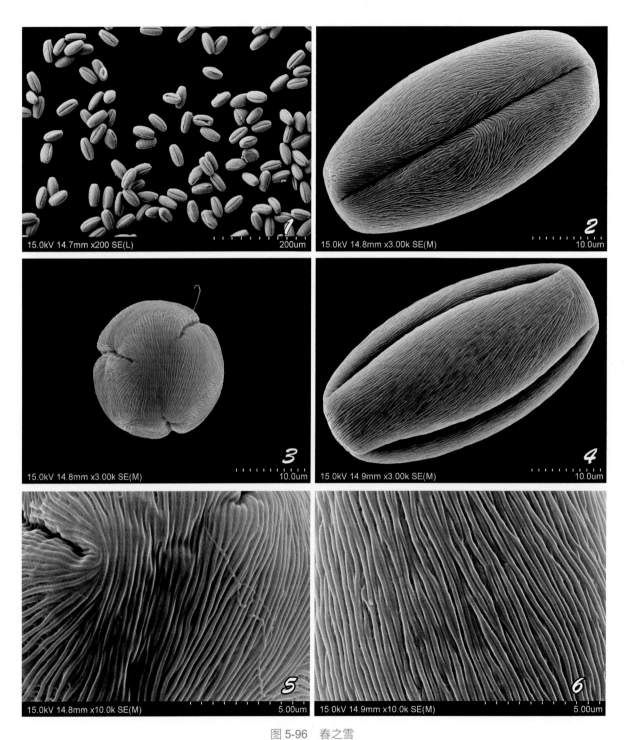

图 5-96 春之雪

1. 群体; 2. 赤面单沟; 3. 极面观; 4. 赤面双沟; 5. 极面纹饰; 6. 赤面纹饰

97 甜蜜时光 (*M.* 'Sugar Tyme')

花粉粒 P 为（44.76±2.33）μm，E_0 为（23.86±1.22）μm，$E_{1/2}$ 为（20.10±1.12）μm，反映花粉相对大小的 $P×E_0$ 为（1067.95±77.18）μm²；花粉极面观为三裂圆形，赤面观为长球形，P/E_0 为（1.88±0.14），$P/E_{1/2}$ 为（2.23±0.14），$E_{1/2}/E_0$ 为（0.84±0.04）；花粉 RW 为（0.20±0.02）μm，FW 为（0.09±0.04）μm，条脊短且清晰，分叉多、较整齐，纹饰特征为整体非单一规则型（WRM，1 1 0）。无穿孔（图 5-97）。

98 小甜甜 (*M.* 'Sweet Sugar Tyme')

花粉粒 P 为（45.31±1.72）μm，E_0 为（24.28±1.55）μm，$E_{1/2}$ 为（20.53±1.49）μm，反映花粉相对大小的 $P×E_0$ 为（1101.16±95.17）μm²；花粉极面观为三裂圆形，赤面观为长球形，P/E_0 为（1.87±0.11），$P/E_{1/2}$ 为（2.22±0.15），$E_{1/2}/E_0$ 为（0.85±0.04）；花粉 RW 为（0.19±0.02）μm，FW 为（0.14±0.03）μm，条脊较长且不清晰，分叉多、不整齐，纹饰特征为不规则型（IR，0 0 0）。PD 为（5.24±1.64）个 /μm²，分布均匀。穿孔大（图 5-98）。

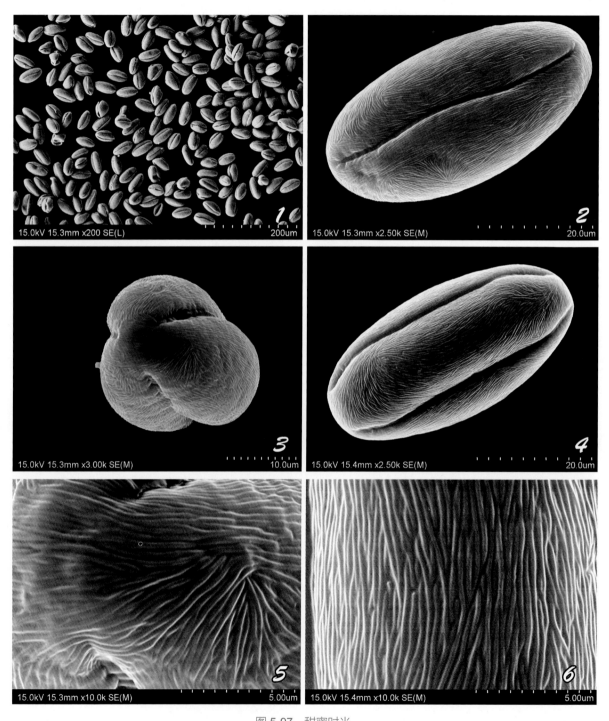

图 5-97　甜蜜时光
1. 群体；2. 赤面单沟；3. 极面观；4. 赤面双沟；5. 极面纹饰；6. 赤面纹饰

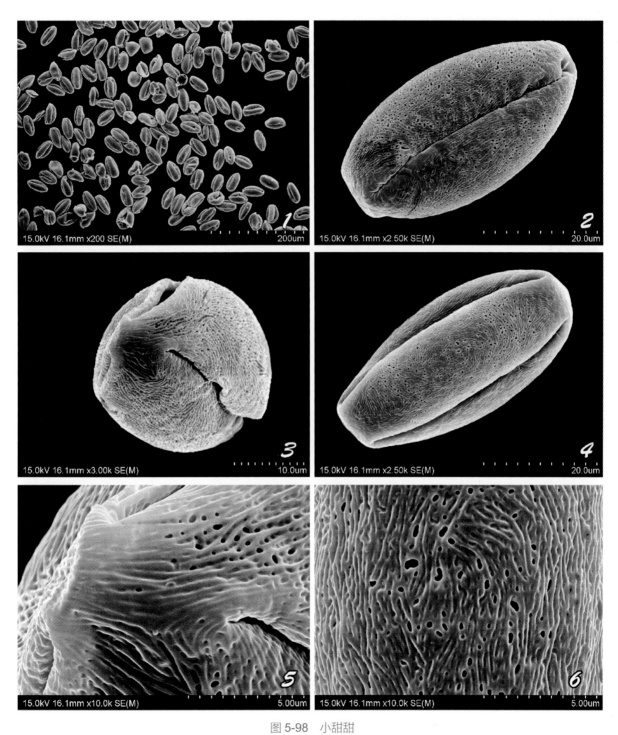

图 5-98　小甜甜
1. 群体；2. 赤面单沟；3. 极面观；4. 赤面双沟；5. 极面纹饰；6. 赤面纹饰

99 雷霆之子 (*M.* 'Thunderchild')

　　花粉粒 P 为（50.23±1.26）μm，E_0 为（23.71±0.89）μm，$E_{1/2}$ 为（20.52±0.95）μm，反映花粉相对大小的 $P \times E_0$ 为（1190.85±56.94）μm²；花粉极面观为三裂圆形，赤面观为长球形，P/E_0 为（2.12±0.09），$P/E_{1/2}$ 为（2.45±0.10），$E_{1/2}/E_0$ 为（0.87±0.04）；花粉 RW 为（0.16±0.02）μm，FW 为（0.14±0.05）μm，条脊短且较清晰，分叉多、不整齐，纹饰特征为不规则型（IR，0 0 0）。PD 为（3.23±1.65）个/μm²，分布不均匀且萌发沟两侧较多。穿孔中等（图 5-99）。

100 蒂娜 (*M.* 'Tina')

　　花粉粒 P 为（47.24±2.07）μm，E_0 为（24.69±1.27）μm，$E_{1/2}$ 为（20.52±1.36）μm，反映花粉相对大小的 $P \times E_0$ 为（1166.77±83.91）μm²；花粉极面观为三裂圆形，赤面观为长球形，P/E_0 为（1.92±0.12），$P/E_{1/2}$ 为（2.31±0.18），$E_{1/2}/E_0$ 为（0.83±0.04）；花粉 RW 为（0.17±0.02）μm，FW 为（0.28±0.08）μm，条脊长且清晰，分叉少、较整齐，纹饰特征为整体非单一规则型（WRM，1 1 0）。PD 为（6.56±1.32）个/μm²，分布均匀。穿孔大（图 5-100）。

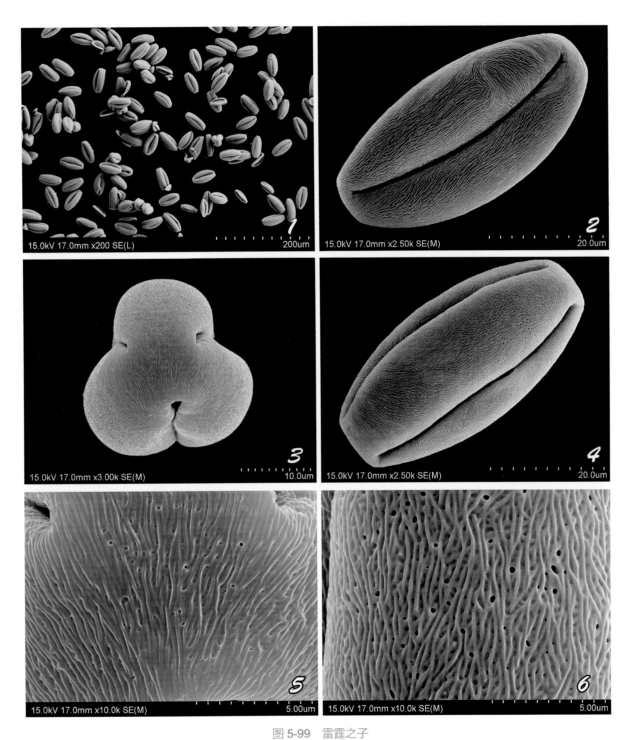

图 5-99　雷霆之子
1. 群体；2. 赤面单沟；3. 极面观；4. 赤面双沟；5. 极面纹饰；6. 赤面纹饰

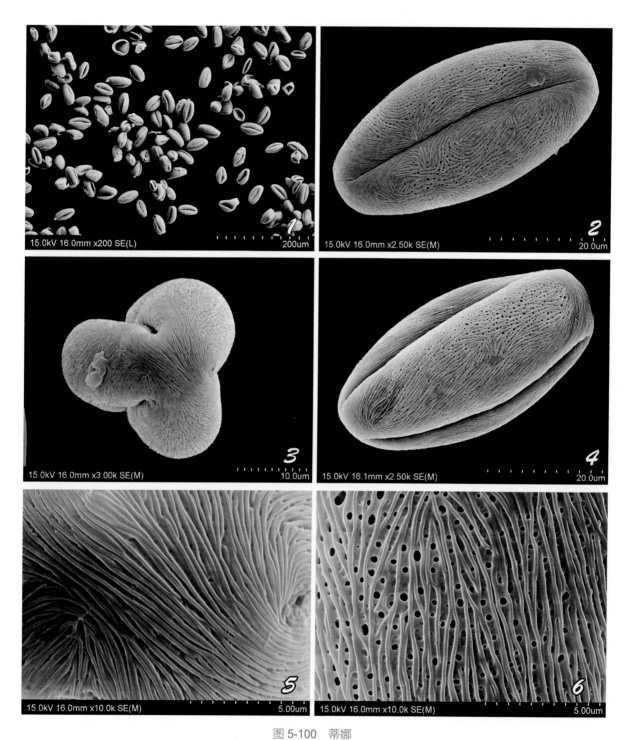

图 5-100 蒂娜

1. 群体；2. 赤面单沟；3. 极面观；4. 赤面双沟；5. 极面纹饰；6. 赤面纹饰

101 范艾斯亭 (*M.* 'Van Eseltine')

花粉粒 P 为（43.12±2.15）μm，E_0 为（20.95±1.04）μm，$E_{1/2}$ 为（18.02±1.16）μm，反映花粉相对大小的 $P×E_0$ 为（904.40±80.56）μm²；花粉极面观为三裂圆形，赤面观为长球形，P/E_0 为（2.06±0.09），$P/E_{1/2}$ 为（2.40±0.16），$E_{1/2}/E_0$ 为（0.86±0.03）；花粉 RW 为（0.17±0.01）μm，FW 为（0.14±0.04）μm，条脊较长且清晰，分叉多、不整齐，纹饰特征为局部非单一规则型（PRM，１０0）。PD 为（11.18±2.47）个 /μm²，分布不均匀且萌发沟两侧较多。穿孔大（图 5-101）。

102 天鹅绒柱 (*M.* 'Velvet Pillar')

花粉粒 P 为（33.23±2.02）μm，E_0 为（23.88±1.77）μm，$E_{1/2}$ 为（19.11±1.13）μm，反映花粉相对大小的 $P×E_0$ 为（795.28±93.42）μm²；花粉极面观为三裂圆形，赤面观为长球形，P/E_0 为（1.40±0.10），$P/E_{1/2}$ 为（1.74±0.10），$E_{1/2}/E_0$ 为（0.80±0.05）；花粉 RW 为（0.22±0.04）μm，FW 为（0.05±0.01）μm，条脊皱波状且不清晰，纹饰特征为不规则型（IR，０0 0）。PD 为（0.43±0.42）个 /μm²，分布均匀。穿孔小（图 5-102）。

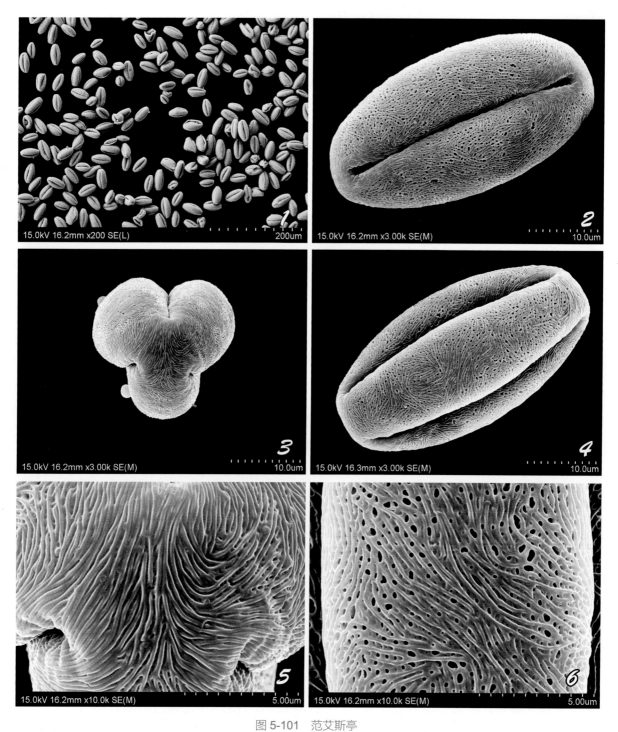

图 5-101　范艾斯亭

1. 群体；2. 赤面单沟；3. 极面观；4. 赤面双沟；5. 极面纹饰；6. 赤面纹饰

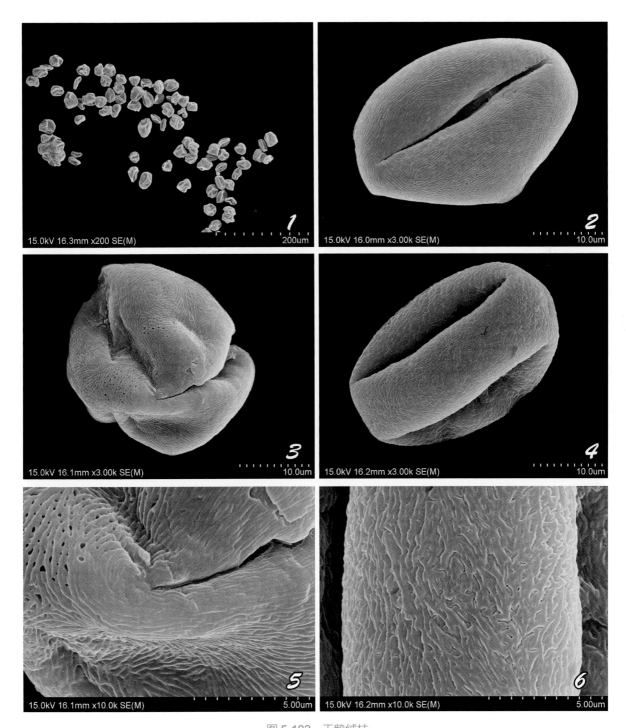

图 5-102 天鹅绒柱
1. 群体；2. 赤面单沟；3. 极面观；4. 赤面双沟；5. 极面纹饰；6. 赤面纹饰

103 垂枝麦当娜 (*M.* 'Weeping Madonna')

花粉粒 P 为（41.69±1.04）μm，E_0 为（21.54±0.76）μm，$E_{1/2}$ 为（18.25±0.99）μm，反映花粉相对大小的 $P \times E_0$ 为（898.36±43.56）μm²；花粉极面观为三裂圆形，赤面观为长球形，P/E_0 为（1.94±0.07），$P/E_{1/2}$ 为（2.29±0.12），$E_{1/2}/E_0$ 为（0.85±0.04）；花粉 RW 为（0.18±0.02）μm，FW 为（0.11±0.05）μm，条脊短且较清晰，分叉少、较整齐，纹饰特征为整体非单一规则型（WRM，1 1 0）。无穿孔（图 5-103）。

104 白色瀑布 (*M.* 'White Cascade')

花粉粒 P 为（39.44±2.43）μm，E_0 为（24.67±1.42）μm，$E_{1/2}$ 为（19.43±1.50）μm，反映花粉相对大小的 $P \times E_0$ 为（974.32±99.36）μm²；花粉极面观为三裂圆形，赤面观为长球形，P/E_0 为（1.60±0.10），$P/E_{1/2}$ 为（2.04±0.16），$E_{1/2}/E_0$ 为（0.79±0.04）；花粉 RW 为（0.18±0.02）μm，FW 为（0.17±0.06）μm，条脊短且不清晰，无分叉、不整齐，纹饰特征为不规则型（IR，0 0 0）。PD 为（9.14±3.42）个 /μm²，分布不均匀且主要分布于赤面。穿孔大（图 5-104）。

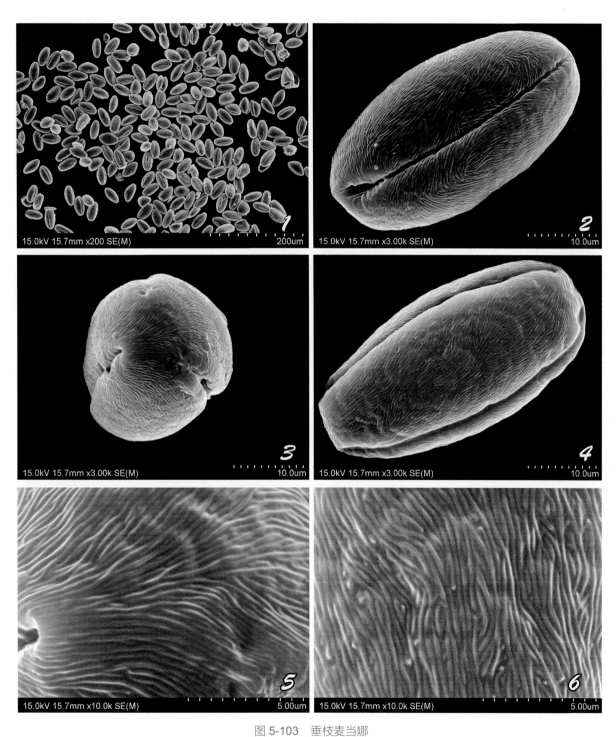

图 5-103　垂枝麦当娜

1. 群体；2. 赤面单沟；3. 极面观；4. 赤面双沟；5. 极面纹饰；6. 赤面纹饰

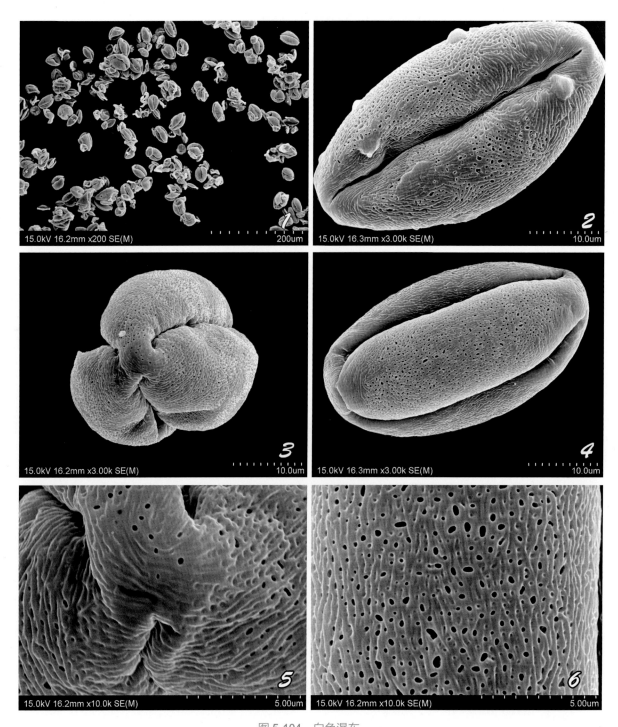

图 5-104　白色瀑布

1. 群体；2. 赤面单沟；3. 极面观；4. 赤面双沟；5. 极面纹饰；6. 赤面纹饰

105 金色冬季 (*M.* 'Winter Gold')

花粉粒 P 为（40.07 ± 1.88）μm，E_0 为（23.59 ± 1.76）μm，$E_{1/2}$ 为（20.09 ± 1.72）μm，反映花粉相对大小的 $P \times E_0$ 为（945.84 ± 87.89）μm²；花粉极面观为三裂圆形，赤面观为长球形，P/E_0 为（1.71 ± 0.14），$P/E_{1/2}$ 为（2.01 ± 0.20），$E_{1/2}/E_0$ 为（0.85 ± 0.04）；花粉 RW 为（0.17 ± 0.02）μm，FW 为（0.09 ± 0.02）μm，条脊短且较清晰，分叉少、较整齐，纹饰特征为整体非单一规则型（WRM，1 1 0）。无穿孔（图 5-105）。

106 红色冬季 (*M.* 'Winter Red')

花粉粒 P 为（43.64 ± 1.58）μm，E_0 为（22.61 ± 1.04）μm，$E_{1/2}$ 为（19.54 ± 1.03）μm，反映花粉相对大小的 $P \times E_0$ 为（987.17 ± 67.62）μm²；花粉极面观为三裂圆形，赤面观为长球形，P/E_0 为（1.93 ± 0.09），$P/E_{1/2}$ 为（2.24 ± 0.13），$E_{1/2}/E_0$ 为（0.86 ± 0.04）；花粉 RW 为（0.22 ± 0.02）μm，FW 为（0.07 ± 0.02）μm，条脊较长且清晰，分叉少、整齐，纹饰特征为整体单一规则型（WRS，1 1 1）。无穿孔（图 5-106）。

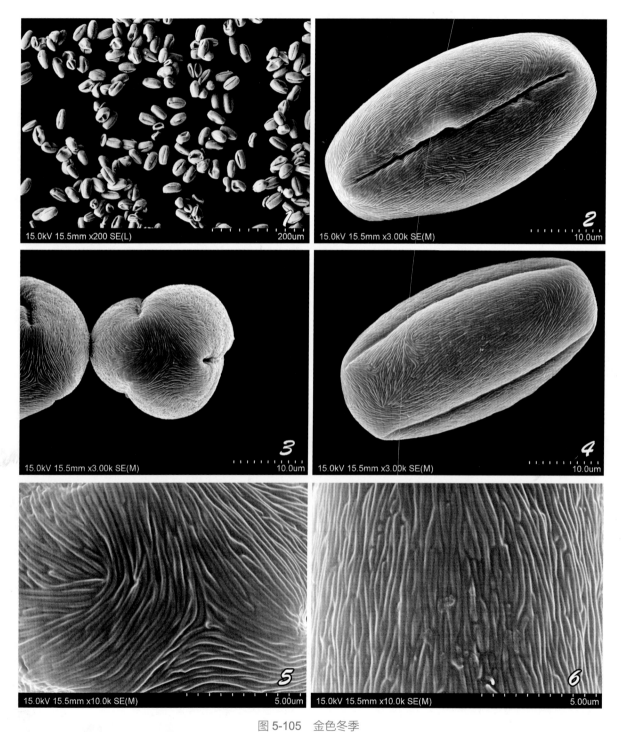

图 5-105　金色冬季

1. 群体；2. 赤面单沟；3. 极面观；4. 赤面双沟；5. 极面纹饰；6. 赤面纹饰

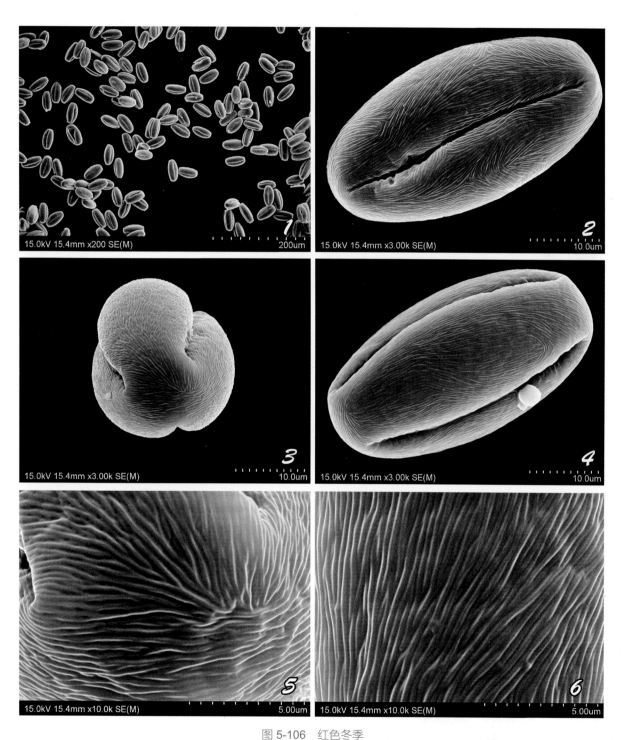

图 5-106　红色冬季

1. 群体；2. 赤面单沟；3. 极面观；4. 赤面双沟；5. 极面纹饰；6. 赤面纹饰

107 美果海棠 (*M.* × *zumi* 'Calocarpa')

花粉粒 P 为（41.34±1.96）μm，E_0 为（23.34±1.44）μm，$E_{1/2}$ 为（19.69±1.36）μm，反映花粉相对大小的 $P \times E_0$ 为（965.46±81.87）μm²；花粉极面观为三裂圆形，赤面观为长球形，P/E_0 为（1.78±0.12），$P/E_{1/2}$ 为（2.11±0.14），$E_{1/2}/E_0$ 为（0.84±0.04）；花粉 RW 为（0.20±0.02）μm，FW 为（0.10±0.03）μm，条脊短且清晰，分叉少、不整齐，纹饰特征为局部非单一规则型（PRM，100）。无穿孔（图 5-107）。

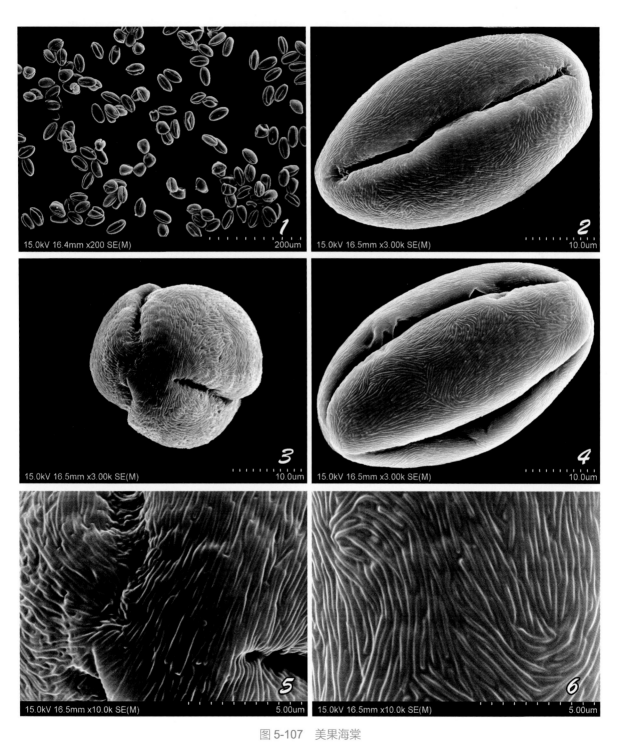

图 5-107　美果海棠

1. 群体；2. 赤面单沟；3. 极面观；4. 赤面双沟；5. 极面纹饰；6. 赤面纹饰

参 考 文 献

陈薇薇，何兴金，张雪梅，等，2007. 中国西南地区当归属植物花粉形态及其系统进化分析［J］. 西北植物学报，27（7）：1364-1372.

陈文岩，2016. 垂丝海棠花粉败育超微结构及生理生化分析［D］. 南京：南京林业大学．

贺超兴，徐炳声，1991. 苹果属花粉形态特征及其分类学和进化意义［J］. 植物分类学学报，29（5）：445-451.

李育农，2001. 苹果属植物种质资源研究［M］. 北京：中国农业出版社，181-183；315-335.

孙匡坤，2013. 垂丝海棠（*Malus halliana*）和重瓣垂丝海棠（*Malus halliana* var. *parkmanii*）的生殖生物学研究［D］. 南京：南京林业大学．

徐炳声，1991. 从微观进化的观点纵览宏观进化［J］. 云南植物研究，13（1）：101-112.

杨晓红，1986. 苹果属植物花粉观察研究［J］. 西南农业大学学报（2）：122-129.

俞德浚，1974. 中国植物志第36卷［M］. 北京：科学出版社，372-402.

AKHILA H, BEEVY S S, 2015. Palynological characterization of species of *Sesamum* (Pedaliaceae) from Kerala: a systematic approach[J]. Plant Systematics and Evolution, 301(9): 2179-2188.

ANDERBERG A A, EL-GHAZALY G, 2000. Pollen morphology in *Primula* sect. Carolinella (Primulaceae) and its taxonomic implications[J]. Nordic Journal of Botany, 20(1): 5-14.

CORTEZ P A, CAETANO A P S, CARMELLO-GUERREIRO S M, et al, 2015. Anther wall and pollen development in Neotropical species-rich Miconia, (Melastomataceae)[J]. Plant Systematics & Evolution, 301(1):217-230.

CURRIE A J, NOITON D A, LAWES G S, et al, 1997. Preliminary results of differentiating apple sports by pollen ultrastructure[J]. Euphytica, 98(3): 155-161.

DIETRICH M R. 2009. Microevolution and Macroevolution are Governed by the Same Processes[M]// Contemporary Debates in Philosophy of Biology. New Jersey: Wiley-Blackwell.

ERDTMAN G, 1969. Handbook of palynology-an introduction to the study of pollen grains and spores[M]. Copenhagen: Munksgaard.

GRANT M, BLACKMORE S, MORTON C, 2000. Pollen morphology of the subfamily Aurantioideae (Rutaceae)[J]. Grana, 39(1): 8-20.

GUO L, SHEN N X, WANG L Q, et al, 2002. Ornamental Crabapple: Present status of resources and breeding direction[J]. International Apple Symposium, 30-32.

HESS M W, HESSE M, 1994. Ultrastructural observations on anther tapetum development of freeze-fixed *Ledebouria socialis* Roth (Hyacinthaceae)[J]. Planta, 192(3):421-430.

HIGGINS D, THOMPSON J, Gibson T, et al, 19944. Clustal W: improving the sensitivity of progressive multiple sequence alignment through sequence weighting, position-specific gap penalties and weight matrix choice[J]. Nucleic Acids Research, (22): 4673-4680.

HUANG L, ZHAO X, LIU T, et al, 2010. Developmental characteristics of floral organs and pollen of Chinese cabbage (*Brassica campestris* L. ssp. *chinensis*)[J]. Plant Systematics & Evolution, 286(1-2):103-115.

HUYSMANS S, ELGHAZALY G, SMETS E, 1998. Orbicules in angiosperms: Morphology, function, distribution, and relation with tapetum types[J]. Botanical Review, 64(3):240-272.

JONEGHANI V N, 2008. Pollen morphology of the genus Malus (Rosaceae)[J]. Iranian Journal of Science & Technology Transaction A Science, 32(2): 89-97.

KATIFORI E, ALBEN S, CERDA E, et al, 2010. Foldable structures and the natural design of pollen grains[J]. Proceedings of the National Academy of Sciences, 107(17): 7635-7639.

KIM Y J, JANG M G, ZHU L, et al, 2016. Cytological characterization of anther development in *Panax ginseng*, Meyer[J]. Protoplasma, 253(4):1111.

KONYAR S T, 2017. Dynamic changes in insoluble polysaccharides and neutral lipids in the developing anthers of an endangered plant species, Pancratium maritimum[J]. Plant Systematics & Evolution, 304(1):1-18.

KU S J, CHUNG Y Y, 2003. Male-sterility of thermosensitive genic male-sterile rice is associated with premature programmed cell death of the tapetum[J]. Planta, 217(4):559-565.

MEMBER F J A, ONTOLOGIST R A. CHAPTER T. 2009. Microevolution and Macroevolution are not Governed by the Same Processes[M]// Contemporary Debates in Philosophy of Biology. New Jersey: Wiley-Blackwell.

REHDER A, 1940. Manual of cultivated trees and shrubs[M]. New York: Macmillam Co, 389-399.

REZNICK D N, RICKLEFS R E, 2009. Darwin's bridge between microevolution and macroevolution [J]. Nature, 457(7231):837-842.

REZNICKOVA S A, DICKINSON H G, 1982. Ultrastructural aspects of storage lipid mobilization in the tapetum of *Lilium hybrida* var. enchantment[J]. Planta, 155(5):400-408.

SANTOS R P, MARIATH J E A, HESSE M, 2003. Pollenkitt formation in *Ilex paraguariensis* A.St.Hil. (Aquifoliaceae)[J]. Plant Systematics & Evolution, 237(3-4):185-198.

SARWAR A K M G, HOSHINO Y, ARAKI H, 2010. Pollen morphology and infrageneric classification of *Alstroemeria* L.(Alstroemeriaceae)[J]. Grana, 49(4): 227-242.

SARWAR A K M G, TAKAHASHI H, 2012. Pollen morphology of *Kalmia* L.(Phyllodoceae, Ericaceae) and its taxonomic significance[J]. Bangladesh Journal of Plant Taxonomy, 19(2): 123.

SHALLARI S, SCHWARTZ C, HASKO A, et al, 2010. A comparative light and electron microscopic analysis of microspore and tapetum development in fertile and cytoplasmic male sterile radish[J]. Protoplasma, 241(4):37-49.

SHI Y L, ZHAO S, YAO J L, 2009. Premature tapetum degeneration: a major cause of abortive pollen development in photoperiod sensitive genic male sterility in rice[J]. Journal of Integrative Plant Biology, 51(8):774-781.

TAMURA K, PETERSON D, PETERSON N, et al, 2011. MEGA5: molecular evolutionary genetics analysis using maximum likelihood, evolutionary distance, and maximum parsimony methods[J]. Molecular Biology and Evolution, 28(10):2731.

Tütüncü K S, 2017. Ultrastructural aspects of pollen ontogeny in an endangered plant species, *Pancratium maritimum* L. (Amaryllidaceae) [J]. Protoplasma, 254(2):1-20.

WALKER J W, 1974. Evolution of exine structure in the pollen of primitive angiosperms[J]. American Journal Botany, 61: 891-902.

WANG S P, ZHANG G S, SONG Q L, et al, 2015. Abnormal development of tapetum and microspores induced by chemical hybridization agent SQ-1 in wheat[J]. Plos One, 10(3):e0119557.

WELSH M, STEFANOVIĆ S, Costea M, 2010. Pollen evolution and its taxonomic significance in *Cuscuta*, (dodders, Convolvulaceae)[J]. Plant Systematics & Evolution, 285(1):83-101.

XIE L, LI L Q, 2012. Variation of pollen morphology, and its implications in the phylogeny of *Clematis*, (Ranunculaceae)[J]. Plant Systematics & Evolution, 298(8):1437-1453.

附 录

附表 1 供试 107 个观赏海棠种质花粉表型性状特征

种质名称	组系	$P/\mu m$	$E_0/\mu m$	$E_{1/2}/\mu m$	P/E_0	$P/E_{1/2}$	$E_{1/2}/E_0$	$P \times E_0/\mu m^2$	$RW/\mu m$	$FW/\mu m$	$PD/(wh个/\mu m^2)$
M. angustifolia	II	52.11±3.12	26.57±1.82	21.75±1.39	1.96±0.10	2.40±0.14	0.82±0.04	1388.51±11.81	0.22±0.03	0.09±0.03	0.00±0.00
M. baccata	VI	46.38±1.28	23.43±0.98	19.70±0.99	1.98±0.06	2.36±0.12	0.84±0.03	1087.31±6.26	0.18±0.02	0.15±0.04	2.90±1.87
M. domestica var. *binzi*	VII	50.99±3.22	25.13±1.56	20.10±1.46	2.03±0.12	2.55±0.19	0.80±0.04	1283.86±11.34	0.23±0.02	0.13±0.04	0.00±0.00
M. floribunda	V	48.02±1.18	24.32±1.34	20.54±0.98	1.98±0.12	2.34±0.14	0.85±0.03	1167.78±6.22	0.15±0.01	0.13±0.05	3.92±1.65
M. fusca	IV	46.87±1.59	23.65±0.93	19.53±0.82	1.98±0.08	2.40±0.09	0.83±0.03	1109.04±6.05	0.16±0.01	0.15±0.06	2.82±2.65
M. honanensis	III	29.44±2.66	24.23±1.53	18.45±1.46	1.22±0.12	1.60±0.11	0.76±0.06	714.48±12.17	0.25±0.04	0.05±0.02	0.52±0.52
M. ioensis	II	51.06±1.80	24.68±1.04	20.82±1.20	2.07±0.10	2.46±0.15	0.84±0.03	1260.40±5.86	0.23±0.03	0.10±0.04	0.00±0.00
M. mandshurica	VI	45.05±2.51	24.63±1.92	21.14±1.76	1.84±0.14	2.14±0.14	0.86±0.05	1111.60±11.49	0.20±0.02	0.07±0.03	0.22±0.27
M. micromalus	VII	43.80±2.18	24.56±2.04	20.62±1.64	1.79±0.14	2.13±0.17	0.84±0.05	1077.07±11.04	0.16±0.01	0.10±0.04	5.48±1.39
M. neidzwetzkyana	VII	41.60±1.50	21.83±1.15	18.27±1.03	1.91±0.11	2.28±0.14	0.84±0.04	908.71±7.07	0.17±0.03	0.10±0.03	0.94±0.60
M. ombrophila	III	42.79±2.05	22.61±1.21	19.21±1.36	1.90±0.12	2.23±0.15	0.85±0.06	967.76±7.98	0.23±0.02	0.15±0.05	0.00±0.00
M. platycarpa	II	48.53±1.86	24.38±1.43	19.91±1.19	1.99±0.11	2.44±0.14	0.82±0.04	1184.46±8.33	0.20±0.03	0.05±0.02	0.00±0.00
M. prunifolia	VII	48.60±1.98	24.22±1.75	19.76±1.38	2.02±0.18	2.47±0.20	0.82±0.03	1176.79±7.99	0.18±0.04	0.09±0.02	0.30±0.31
M. pumila	VII	45.54±1.33	22.48±1.00	18.98±0.91	2.03±0.10	2.40±0.12	0.84±0.03	1024.16±5.63	0.18±0.02	0.18±0.05	1.33±0.82
M. robusta	VII	43.89±1.48	22.56±1.40	19.46±1.12	1.95±0.10	2.26±0.11	0.86±0.03	991.50±8.58	0.19±0.02	0.08±0.02	0.31±0.36
M. rockii	VI	48.93±2.33	24.56±1.49	20.84±1.17	2.00±0.14	2.35±0.15	0.85±0.04	1202.43±8.42	0.15±0.01	0.11±0.03	5.62±3.72
M. sieversii	VII	41.97±2.27	24.58±1.44	20.55±1.22	1.71±0.10	2.05±0.14	0.84±0.03	1032.96±9.63	0.17±0.01	0.12±0.05	1.16±1.15
M. spectabilis	VII	35.32±2.46	24.34±1.73	18.63±1.71	1.46±0.14	1.91±0.17	0.77±0.06	860.05±10.12	0.16±0.02	0.04±0.01	0.00±0.00
M. sylvestris	VII	43.98±1.13	21.61±1.11	18.19±1.04	2.04±0.11	2.43±0.15	0.84±0.04	950.26±5.81	0.17±0.03	0.07±0.02	2.88±2.95

续表

种质名称	组系	P/μm	E_0/μm	$E_{1/2}$/μm	P/E_0	$P/E_{1/2}$	$E_{1/2}/E_0$	$P \times E_0$/μm²	RW/μm	FW/μm	PD/(wh个/μm²)
M. toringoides	IV	39.21±2.44	23.42±1.12	18.72±1.06	1.68±0.12	2.10±0.12	0.80±0.04	918.73±8.63	0.19±0.02	0.14±0.04	4.29±0.75
M. tschonoskii	I	48.30±2.39	24.17±1.05	20.63±1.06	2.00±0.11	2.34±0.12	0.85±0.03	1168.01±7.42	0.21±0.02	0.12±0.06	0.72±0.88
M. turkmenorum	VII	49.06±2.59	25.13±1.72	21.07±1.54	1.96±0.13	2.34±0.18	0.84±0.03	1234.86±9.93	0.23±0.02	0.14±0.05	0.00±0.00
M. yunnanensis	III	43.83±2.68	23.48±1.40	19.52±1.42	1.87±0.14	2.25±0.19	0.83±0.05	1030.00±9.44	0.21±0.02	0.17±0.05	3.01±1.92
M. 'Abundance'	—	44.95±1.69	22.32±1.30	19.07±1.17	2.02±0.08	2.36±0.13	0.85±0.04	1004.62±8.91	0.17±0.02	0.09±0.03	0.83±0.94
M. 'Adams'	—	44.64±1.44	22.87±1.28	19.50±1.24	1.96±0.12	2.30±0.15	0.85±0.03	1021.02±6.79	0.15±0.01	0.16±0.04	6.13±4.33
M. 'Almey'	—	48.82±1.59	24.48±0.81	20.66±0.91	2.00±0.08	2.37±0.12	0.84±0.03	1195.22±5.12	0.18±0.02	0.12±0.03	3.14±1.35
M. 'Ballet'	—	42.45±1.67	24.07±1.65	19.40±1.26	1.77±0.12	2.20±0.15	0.81±0.05	1022.38±8.63	0.15±0.02	0.11±0.04	0.63±0.51
M. 'Brandywine'	—	52.35±1.93	26.97±1.54	22.56±1.23	1.95±0.11	2.33±0.14	0.84±0.04	1412.80±7.84	0.21±0.02	0.09±0.04	0.00±0.00
M. 'Butterball'	—	43.20±2.17	22.24±1.58	19.06±1.54	1.95±0.09	2.27±0.11	0.86±0.03	963.38±11.48	0.17±0.01	0.16±0.05	1.54±2.57
M. 'Cardinal'	—	44.66±3.24	22.59±1.68	19.11±1.62	1.98±0.13	2.35±0.20	0.85±0.04	1011.99±13.77	0.16±0.01	0.06±0.02	0.78±0.68
M. 'Centurion'	—	41.76±1.59	22.99±1.70	18.78±1.51	1.83±0.16	2.24±0.19	0.82±0.05	959.51±7.69	0.17±0.02	0.15±0.05	6.40±0.82
M. 'Cinderella'	—	44.57±1.64	23.00±1.35	19.34±1.36	1.94±0.11	2.31±0.17	0.84±0.04	1025.75±8.00	0.18±0.02	0.20±0.06	6.72±4.96
M. 'Cloudsea'	—	48.84±2.36	22.57±1.88	19.63±1.58	2.17±0.15	2.50±0.17	0.87±0.03	1104.65±11.58	0.13±0.01	0.25±0.10	8.09±3.01
M. 'Coralburst'	—	44.54±1.57	22.60±1.09	19.45±0.92	1.97±0.10	2.30±0.14	0.86±0.03	1007.16±6.53	0.16±0.01	0.23±0.07	9.67±1.90
M. 'Darwin'	—	40.41±1.68	22.91±1.18	19.41±1.26	1.77±0.11	2.09±0.16	0.85±0.04	925.94±7.01	0.16±0.02	0.12±0.02	1.83±1.67
M. 'David'	—	41.00±3.16	24.08±1.38	19.69±1.35	1.70±0.12	2.09±0.15	0.82±0.04	989.22±11.40	0.21±0.03	0.18±0.06	1.52±0.76
M. 'Dolgo'	—	45.63±2.15	26.26±1.81	21.97±1.47	1.74±0.12	2.08±0.14	0.84±0.05	1199.64±9.53	0.17±0.02	0.08±0.02	0.39±0.58
M. 'Donald Wyman'	—	47.70±1.34	23.38±1.06	19.59±0.86	2.04±0.09	2.44±0.12	0.84±0.04	1115.44±5.92	0.22±0.03	0.09±0.03	0.00±0.00
M. 'Eleyi'	—	43.16±1.62	22.25±1.35	18.56±1.27	1.94±0.11	2.33±0.14	0.83±0.04	961.18±8.34	0.21±0.03	0.11±0.03	0.00±0.00
M. 'Everest'	—	41.77±1.89	21.83±1.29	18.22±1.32	1.92±0.12	2.30±0.13	0.84±0.04	912.79±8.73	0.22±0.03	0.14±0.03	0.00±0.00
M. 'Fairytail Gold'	—	42.50±1.49	21.98±1.00	19.03±1.05	1.94±0.09	2.24±0.11	0.87±0.03	934.43±6.83	0.23±0.02	0.11±0.03	0.00±0.00
M. 'Firebird'	—	43.90±4.69	27.75±2.70	21.68±2.86	1.58±0.13	2.04±0.21	0.78±0.06	1226.82±19.85	0.18±0.02	0.12±0.04	1.25±1.44

续表

种质名称	组系	P/μm	E_0/μm	$E_{1/2}$/μm	P/E_0	$P/E_{1/2}$	$E_{1/2}/E_0$	$P \times E_0$/μm²	RW/μm	FW/μm	PD/(wh 个/μm²)
M. 'Flame'	—	47.21±2.15	23.41±1.62	20.06±1.41	2.02±0.13	2.36±0.17	0.86±0.04	1106.97±9.91	0.18±0.02	0.15±0.03	0.68±0.62
M. 'Furong'	—	50.30±2.25	22.84±1.17	19.79±1.25	2.21±0.11	2.55±0.17	0.87±0.04	1150.07±8.28	0.15±0.01	0.20±0.06	7.18±1.39
M. 'Golden Hornet'	—	43.83±1.57	22.22±1.01	19.26±1.08	1.98±0.12	2.28±0.16	0.87±0.05	973.87±5.72	0.25±0.02	0.11±0.02	0.00±0.00
M. 'Golden Raindrop'	—	44.95±1.62	21.35±0.94	18.55±0.98	2.11±0.10	2.43±0.14	0.87±0.03	960.20±6.52	0.23±0.04	0.11±0.04	2.51±1.67
M. 'Gorgeous'	—	41.89±1.73	22.62±0.95	18.94±0.91	1.85±0.10	2.21±0.12	0.84±0.04	947.71±6.52	0.21±0.02	0.07±0.02	0.00±0.00
M. 'Guard'	—	44.06±2.28	22.03±1.36	18.55±1.08	2.00±0.11	2.38±0.14	0.84±0.04	972.38±9.64	0.17±0.01	0.19±0.06	5.96±4.36
M. halliana 'Pink Double'	—	49.32±1.65	24.06±1.55	20.15±1.46	2.06±0.14	2.46±0.17	0.84±0.05	1187.17±7.59	0.14±0.01	0.11±0.03	4.23±1.79
M. 'Harvest Gold'	—	41.39±2.02	22.56±1.46	19.65±1.31	1.84±0.14	2.11±0.13	0.87±0.05	934.20±8.47	0.19±0.02	0.11±0.04	0.00±0.00
M. 'Hillier'	—	40.81±1.89	22.73±1.40	19.49±1.55	1.80±0.09	2.10±0.15	0.86±0.04	929.26±9.86	0.17±0.02	0.15±0.04	0.55±0.62
M. 'Hopa'	—	48.91±2.29	23.93±1.21	20.72±1.28	2.05±0.11	2.37±0.14	0.87±0.03	1171.59±8.08	0.19±0.02	0.17±0.02	5.23±1.51
M. 'Indian Magic'	—	45.45±1.75	23.13±1.03	19.76±1.18	1.97±0.09	2.31±0.12	0.85±0.03	1051.97±7.15	0.16±0.01	0.13±0.04	3.04±1.27
M. 'Indian Summer'	—	48.63±1.19	23.17±1.09	19.69±1.15	2.10±0.10	2.48±0.14	0.85±0.04	1126.85±5.61	0.16±0.02	0.14±0.03	4.69±1.72
M. 'Kelsey'	—	35.43±2.12	26.17±2.41	21.63±1.95	1.36±0.14	1.65±0.17	0.83±0.06	927.84±11.60	0.15±0.02	0.13±0.04	4.82±1.05
M. 'King Arthur'	—	46.34±1.50	23.85±1.83	19.60±1.65	1.95±0.13	2.38±0.17	0.82±0.04	1106.55±9.44	0.19±0.02	0.07±0.01	0.00±0.00
M. 'Klehm's Improved Bechtel'	—	44.93±3.06	22.61±1.50	19.33±1.25	1.99±0.11	2.33±0.15	0.86±0.04	1018.59±12.01	0.17±0.01	0.11±0.03	4.48±2.14
M. 'Lancelot'	—	45.20±2.27	23.73±1.10	19.94±1.06	1.91±0.11	2.27±0.14	0.84±0.04	1073.37±7.68	0.15±0.01	0.17±0.05	7.72±3.83
M. 'Lisa'	—	50.59±1.53	24.70±1.03	21.78±0.97	2.05±0.07	2.33±0.09	0.88±0.03	1250.47±6.45	0.16±0.02	0.14±0.04	2.48±1.43
M. 'Liset'	—	41.82±1.98	23.29±1.30	19.58±1.45	1.80±0.12	2.14±0.15	0.84±0.04	974.00±7.68	0.24±0.03	0.13±0.03	0.00±0.00
M. 'Lollipop'	—	49.92±2.93	26.66±2.52	22.39±2.28	1.88±0.15	2.25±0.23	0.84±0.05	1334.35±13.25	0.20±0.02	0.10±0.03	4.90±3.11
M. 'Louisa Contort'	—	46.19±1.66	23.71±0.92	20.20±1.06	1.95±0.09	2.29±0.14	0.85±0.03	1095.61±5.79	0.17±0.03	0.15±0.03	5.60±2.20
M. 'Makamik'	—	48.48±1.31	23.64±1.24	20.34±1.40	2.06±0.10	2.39±0.15	0.86±0.04	1146.67±6.70	0.20±0.02	0.08±0.02	0.36±0.33
M. 'Mary Potter'	—	50.15±2.16	27.94±1.92	23.51±1.78	1.80±0.13	2.14±0.18	0.84±0.05	1402.01±8.93	0.19±0.02	0.14±0.06	1.48±2.20
M. 'May's Delight'	—	49.51±1.22	24.98±0.84	20.77±1.33	1.98±0.08	2.39±0.15	0.83±0.05	1237.01±4.47	0.19±0.02	0.13±0.03	0.00±0.00
M. 'Molten Lava'	—	46.47±1.39	23.22±1.29	19.87±0.99	2.00±0.09	2.34±0.12	0.86±0.03	1080.08±7.63	0.15±0.01	0.14±0.04	5.61±1.39
M. 'Perfect Purple'	—	50.27±1.55	25.51±1.11	22.24±1.04	1.97±0.07	2.26±0.10	0.87±0.03	1283.52±6.61	0.20±0.01	0.15±0.03	2.69±1.32

续表

种质名称	组系	P/μm	E_0/μm	$E_{1/2}$/μm	P/E_0	$P/E_{1/2}$	$E_{1/2}/E_0$	$P \times E_0$/μm²	RW/μm	FW/μm	PD/(wh个/μm²)
M. 'Pink Princess'	—	42.09±3.19	28.64±3.00	22.60±2.30	1.48±0.16	1.88±0.20	0.79±0.05	1206.96±14.20	0.18±0.01	0.20±0.05	3.22±1.63
M. 'Pink Spires'	—	51.60±1.42	24.80±0.94	21.36±1.11	2.08±0.07	2.42±0.12	0.86±0.02	1280.18±5.74	0.16±0.01	0.14±0.04	6.08±2.31
M. 'Prairie Rose'	—	48.61±1.33	22.53±1.02	19.02±0.99	2.16±0.11	2.56±0.15	0.84±0.03	1095.35±5.53	0.19±0.02	0.18±0.05	3.52±2.66
M. 'Prairifire'	—	45.57±1.33	23.91±1.19	20.61±1.20	1.91±0.09	2.22±0.14	0.86±0.04	1090.12±6.76	0.18±0.02	0.21±0.09	9.31±2.24
M. 'Professor Sprenger'	—	41.71±1.65	22.99±1.27	19.50±1.40	1.82±0.11	2.15±0.16	0.85±0.04	959.16±7.48	0.20±0.03	0.14±0.03	0.00±0.00
M. 'Profusion'	—	50.56±1.88	24.21±1.01	20.90±0.79	2.09±0.11	2.42±0.11	0.86±0.03	1224.67±5.97	0.16±0.01	0.14±0.04	0.47±0.47
M. 'Purple Gems'	—	41.67±2.21	25.86±2.88	21.37±2.29	1.63±0.18	1.97±0.22	0.83±0.05	1078.16±12.78	0.18±0.02	0.05±0.02	0.00±0.00
M. 'Purple Prince'	—	46.13±1.77	23.21±1.10	19.84±1.17	1.99±0.10	2.33±0.14	0.86±0.04	1070.99±6.83	0.23±0.02	0.15±0.04	0.00±0.00
M. purpurei 'Neville Copeman'	—	42.69±1.86	23.46±1.37	19.80±1.16	1.83±0.13	2.16±0.14	0.84±0.04	1001.57±6.89	0.18±0.02	0.13±0.04	0.92±1.15
M. 'Radiant'	—	46.39±0.74	23.06±1.18	19.62±1.02	2.02±0.10	2.37±0.12	0.85±0.04	1069.97±5.59	0.19±0.03	0.08±0.02	0.00±0.00
M. 'Red Barron'	—	45.89±5.18	23.56±3.57	20.03±3.20	1.96±0.14	2.31±0.20	0.85±0.05	1096.71±24.97	0.16±0.01	0.15±0.04	5.04±2.11
M. 'Red Jade'	—	44.30±1.53	23.49±1.13	20.02±0.99	1.89±0.09	2.22±0.12	0.85±0.04	1041.23±6.75	0.15±0.01	0.12±0.04	0.63±0.61
M. 'Red Sentinel'	—	44.03±1.40	22.10±1.17	19.17±1.04	2.00±0.10	2.30±0.13	0.87±0.03	973.73±6.85	0.24±0.02	0.10±0.04	0.00±0.00
M. 'Red Splendor'	—	46.01±1.34	22.24±1.24	19.11±0.89	2.07±0.12	2.41±0.10	0.86±0.03	1023.69±6.62	0.20±0.02	0.16±0.05	3.56±1.81
M. 'Regal'	—	43.10±2.15	24.84±1.45	20.90±1.56	1.74±0.15	2.08±0.21	0.84±0.04	1069.39±5.98	#DIV/0!	#DIV/0!	0.00±0.00
M. 'Robinson'	—	45.10±2.10	22.22±0.99	18.64±1.03	2.03±0.13	2.43±0.19	0.84±0.05	1002.18±6.39	0.21±0.02	0.15±0.06	0.00±0.00
M. 'Roger's Selection'	—	46.63±2.08	26.00±1.38	20.95±1.40	1.80±0.11	2.23±0.17	0.81±0.06	1213.15±7.60	0.19±0.02	0.19±0.04	1.88±2.24
M. 'Royal Beauty'	—	41.43±2.24	21.79±1.42	18.06±1.41	1.91±0.15	2.30±0.17	0.83±0.04	903.05±8.86	0.17±0.02	0.13±0.04	3.15±1.00
M. 'Royal Gem'	—	49.02±1.77	24.17±0.99	20.23±1.17	2.03±0.10	2.43±0.17	0.84±0.04	1184.98±5.86	0.16±0.02	0.14±0.03	7.47±1.89
M. 'Royal Raindrop'	—	43.41±1.14	21.35±1.14	18.15±1.00	2.04±0.10	2.40±0.11	0.85±0.04	927.62±6.98	0.18±0.01	0.19±0.06	1.01±1.05
M. 'Royalty'	—	37.75±2.91	22.32±2.41	18.76±2.21	1.70±0.13	2.03±0.18	0.84±0.05	847.14±16.79	0.18±0.03	0.06±0.02	0.00±0.00
M. 'Rudolph'	—	47.51±1.39	23.04±0.90	19.92±1.00	2.06±0.09	2.39±0.14	0.86±0.04	1095.17±5.39	0.24±0.03	0.10±0.02	1.40±1.31
M. 'Rum'	—	44.06±1.55	23.04±1.48	19.60±1.01	1.92±0.12	2.25±0.13	0.85±0.04	1015.38±7.70	0.20±0.03	0.11±0.03	0.00±0.00
M. 'Show Time'	—	42.04±1.70	21.86±1.01	18.63±1.27	1.93±0.10	2.26±0.16	0.85±0.04	919.46±6.77	0.25±0.03	0.21±0.09	0.00±0.00
M. 'Snowdrift'	—	45.49±1.58	23.03±1.09	19.25±1.18	1.98±0.11	2.37±0.15	0.84±0.03	1047.75±6.21	0.22±0.04	0.14±0.03	0.00±0.00

续表

种质名称	组系	P/μm	E_0/μm	$E_{1/2}$/μm	P/E_0	$P/E_{1/2}$	$E_{1/2}/E_0$	$P \times E_0$/μm²	RW/μm	FW/μm	PD/（wh个/μm²）
M. 'Sparkler'	—	42.88±2.00	22.44±1.10	19.39±0.99	1.91±0.10	2.21±0.10	0.86±0.03	962.99±8.03	0.17±0.03	0.11±0.04	0.33±0.24
M. 'Spring Glory'	—	45.84±1.88	22.30±0.97	18.66±1.25	2.06±0.08	2.46±0.14	0.84±0.05	1023.03±7.52	0.22±0.02	0.12±0.03	1.74±1.11
M. 'Spring Sensation'	—	46.89±1.94	24.86±0.96	21.59±1.10	1.89±0.10	2.18±0.18	0.87±0.05	1165.95±5.89	0.22±0.05	0.18±0.05	9.92±2.25
M. 'Spring Snow'	—	46.75±1.65	23.92±0.89	20.64±0.93	1.96±0.07	2.27±0.08	0.86±0.04	1118.64±6.23	0.20±0.02	0.09±0.02	1.00±0.62
M. 'Sugar Tyme'	—	44.76±2.33	23.86±1.22	20.10±1.12	1.88±0.14	2.23±0.14	0.84±0.04	1067.95±7.23	0.20±0.02	0.09±0.04	0.00±0.00
M. 'Sweet Sugar Tyme'	—	45.31±1.72	24.28±1.55	20.53±1.49	1.87±0.11	2.22±0.15	0.85±0.04	1101.16±8.64	0.19±0.02	0.14±0.03	5.24±1.64
M. 'Thunderchild'	—	50.23±1.26	23.71±0.89	20.52±0.95	2.12±0.09	2.45±0.10	0.87±0.04	1190.85±4.78	0.16±0.02	0.14±0.05	3.23±1.65
M. 'Tina'	—	47.24±2.07	24.69±1.27	20.52±1.36	1.92±0.12	2.31±0.18	0.83±0.04	1166.77±7.19	0.17±0.02	0.28±0.08	6.56±1.32
M. 'Van Eseltine'	—	43.12±2.15	20.95±1.04	18.02±1.16	2.06±0.09	2.40±0.16	0.86±0.03	904.40±8.91	0.17±0.01	0.14±0.04	11.18±2.47
M. 'Velvet Pillar'	—	33.23±2.02	23.88±1.77	19.11±1.13	1.40±0.10	1.74±0.10	0.80±0.05	795.28±11.75	0.22±0.04	0.05±0.01	0.43±0.42
M. 'Weeping Madonna'	—	41.69±1.04	21.54±0.76	18.25±0.99	1.94±0.07	2.29±0.12	0.85±0.04	898.36±4.85	0.18±0.02	0.11±0.05	0.00±0.00
M. 'White Cascade'	—	39.44±2.43	24.67±1.42	19.43±1.50	1.60±0.10	2.04±0.16	0.79±0.04	974.32±10.20	0.18±0.02	0.17±0.06	9.14±3.42
M. 'Winter Gold'	—	40.07±1.88	23.59±1.76	20.09±1.72	1.71±0.14	2.01±0.20	0.85±0.04	945.84±9.29	0.17±0.02	0.09±0.02	0.00±0.00
M. 'Winter Red'	—	43.64±1.58	22.61±1.04	19.54±1.03	1.93±0.09	2.24±0.13	0.86±0.04	987.17±6.85	0.22±0.02	0.07±0.02	0.00±0.00
M. × zumi 'Calocarpa'	—	41.34±1.96	23.34±1.44	19.69±1.36	1.78±0.12	2.11±0.14	0.84±0.04	965.46±8.48	0.20±0.02	0.10±0.03	0.00±0.00
Mean		44.93±3.55	23.57±1.52	19.91±1.13	1.92±0.16	2.27±0.16	0.85±0.02	1061.22±122.56	0.18±0.03	0.13±0.05	2.61±3.02

注：表中组系一列：Ⅰ为多胜海棠组，Ⅱ为绿苹果组，Ⅲ为滇池海棠系，Ⅳ为陇东海棠系，Ⅴ为三叶海棠系，Ⅵ为山荆子系，Ⅶ为苹果系（系）进化顺序，Ⅰ为最原始，Ⅷ为最进化。

附表 2　供试 131 份观赏海棠种质名称

种质名称	种质名称	种质名称	种质名称
1. *Malus angustifolia*	34. *M. sieversii*	67. *M.* 'Golden Hornet'	100. *M.* 'Radiant'
2. *M. asiatica* ①	35. *M. sikkimensis* ⑦	68. *M.* 'Golden Raindrop'	101. *M.* 'Red Barron'
3. *M. baccata*	36. *M. spectabilis*	69. *M.* 'Gorgeous'	102. *M.* 'Red Jade'
4. *M. coronaria* ②	37. *M. sylvestris*	70. *M.* 'Guard'	103. *M.* 'Red Sentinel'
5. *M. daochengensis* ①	38. *M. toringoides*	71. *M. halliana* 'Pink Double'	104. *M.* 'Red Splendor'
6. *M. domestica* var. *binzi*	39. *M. transitoria* ③	72. *M.* 'Harvest Gold'	105. *M.* 'Regal'
7. *M. doumeri* ③	40. *M. trilobata* ③	73. *M.* 'Hillier'	106. *M.* 'Robinson'
8. *M. florentina* ②	41. *M. tschonoskii*	74. *M.* 'Hopa'	107. *M.* 'Roger's Selection'
9. *M. floribunda*	42. *M. turkmenorum*	75. *M.* 'Hydrangea'	108. *M.* 'Royal Beauty'
10. *M. fusca*	43. *M. yunnanensis*	76. *M.* 'Indian Magic'	109. *M.* 'Royal Gem'
11. *M. glaucescens* ②	44. *M.zhaojaoensis* ⑧	77. *M.* 'Indian Summer'	110. *M.* 'Royal Raindrop'
12. *M. halliana* ④	45. *M. zumi* ⑨	78. *M.* 'Kelsey'	111. *M.* 'Royalty'
13. *M. honanensis*	46. *M.* 'Abundance'	79. *M.* 'King Arthur'	112. *M.* 'Rudolph'
14. *M. hupehensis*	47. *M.* 'Adams'	80. *M.* 'Klehm's Improved Bechtel'	113. *M.* 'Rum'
15. *M. ioensis*	48. *M.* 'Almey'	81. *M.* 'Lancelot'	114. *M.* 'Show Time'
16. *M. jinxianensis* ①	49. *M.* 'Ballet'	82. *M.* 'Lisa'	115. *M.* 'Snowdrift'
17. *M. kansuensis* ②	50. *M.* 'Brandywine'	83. *M.* 'Liset'	116. *M.* 'Sparkler'
18. *M. kirghisorum* ⑤	51. *M.* 'Butterball'	84. *M.* 'Lollipop'	117. *M.* 'Spring Glory'
19. *M. komarovii* ①	52. *M.* 'Cardinal'	85. *M.* 'Louisa Contort'	118. *M.* 'Spring Sensation'
20. *M. lancifolia* ⑥	53. *M.* 'Centurion'	86. *M.* 'Makamik'	119. *M.* 'Spring Snow'
21. *M. mandshurica*	54. *M.* 'Cinderella' ⑦	87. *M.* 'Mary Potter'	120. *M.* 'Strawberry Parfait'
22. *M. melliana* ③	55. *M.* 'Cloudsea'	88. *M.* 'May's Delight'	121. *M.* 'Sugar Tyme'
23. *M. micromalus*	56. *M.* 'Coralburst'	89. *M.* 'Molten Lava'	122. *M.* 'Sweet Sugar Tyme'
24. *M. ombrophila*	57. *M.* 'Darwin'	90. *M.* 'Perfect Purple'	123. *M.* 'Thunderchild'
25. *M. platycarpa*	58. *M.* 'David'	91. *M.* 'Pink Princess'	124. *M.* 'Tina'
26. *M. prattii* ①	59. *M.* 'Dolgo'	92. *M.* 'Pink Spires'	125. *M.* 'Vans Eseltine'
27. *M. prunifolia*	60. *M.* 'Donald Wyman'	93. *M.* 'Prairie Rose'	126. *M.* 'Velvet Pillar'
28. *M. pumila*	61. *M.* 'Eleyi'	94. *M.* 'Prairifire'	127. *M.* 'Weeping Madonna'
29. *M. pumila* var. *neidzwetzkyana*	62. *M.* 'Everest'	95. *M.* 'Professor Sprenger'	128. *M.* 'White Cascade'
30. *M. robusta*	63. *M.* 'Fairytail Gold'	96. *M.* 'Profusion'	129. *M.* 'Winter Gold'
31. *M. rockii*	64. *M.* 'Firebird'	97. *M.* 'Purple Gems'	130. *M.* 'Winter Red'
32. *M. sargentii*	65. *M.* 'Flame'	98. *M.* 'Purple Prince'	131. *M.* × *zumi* 'Calocarpa'
33. *M. sieboldii* ②	66. *M.* 'Furong'	99. *M.* × *purpurei* 'Neville Copeman'	

① 贺超兴，徐炳声，1991. 苹果属花粉形态特征及其分类学和进化意义 [J]. 植物分类学报，29（5）：445-451.

② JONEGHANI V N, 2008. Pollen morphology of the genus *Malus* (Rosaceae) [J]. Iranian Journal of Science & Technology Transaction A Science, 32 (2): 89-97.

③ 杨晓红，李育农，1995. 苹果属植物中花楸苹果组和多胜海棠组的花粉形态和系统学研究 [J]. 西南农业大学学报，17（4）：348-354.

④ 李天庆，曹慧娟，康木生，等，2011. 中国木本植物电镜扫描图志 [M]. 北京：科学出版社，916.

⑤ 李晓磊，沈向，孙凡雅，等，2008. 苹果属观赏海棠品种花粉形态及分类研究 [J]. 园艺学报，35（8）：1175-1182.

⑥ 杨晓红，李育农，1995. 北美绿苹果组植物的花粉形态和系统学研究 [J]. 西南农业大学学报，17（1）：18-23.

⑦ 杨晓红，1986. 苹果属植物花粉观察研究 [J]. 西南农业大学学报，（2）：122-129.

⑧ 杨晓红，李育农，1995. 苹果属植物苹果组和山荆子组花粉形态及其演化研究 [J]. 西南农业大学学报，17（4）：279-285.

⑨ 王大江，王昆，高源，等，2016. 苹果地方品种花粉形态分类及聚类研究 [J]. 植物遗传资源学报，17（1）：84-91.

附表 3　观赏海棠品种亲本溯源及其纹饰类型

杂交子代	杂交路线	参考文献	外壁纹饰类型演化趋势	外壁纹饰规则性得分	子代规则性高于亲本?
M. 'Adam'	M. baccata × Unknown → M. 'Adams'	①	WRS (1 1 1) × Unknown→WRM (1 1 0)	[7] × Unknown→[6]	No
M. 'Almey'	M. baccata × M. pumila var. neidzwetzkyana → M. 'Almey'	①	WRS (1 1 1) × WRS (1 1 1)→WRS (1 1 1)	[7] × [7]→[7]	No
M. 'Brandywine'	M. halliana → M. × atros-anguinea → M. purpurea 'Lemoinei' → M. 'Brandywine'; M. sieboldii; M. pumila var. neidzwetzkyana; M. 'Klehm's Improved Bechtel'	①②	WRS (1 1 1) → Unknown; WRM (1 1 0); WRS (1 1 1) → Unknown → WRS (1 1 1); WRM (1 1 0)	[7] → Unknown; [6]; [7] → Unknown → [7]; [6]	No
M. 'Cardinal'	M. floribunda → M. × arnoldiana → M. 'Cardinal'; M. baccata; Unknown	①②	WRS (1 1 1) → Unknown → WRM (1 1 0); WRS (1 1 1) → Unknown	[7] → Unknown → Unknown; [7] → Unknown	No
M. 'Coralburst'	M. sieboldii × Unknown → M. 'Coralburst'	②	WRM (1 1 0) × Unknown → WRM (1 1 0)	[6] × Unknown → [6]	No
M. 'Dolgo'	M. robusta × Unknown → M. 'Dolgo'	②	WRS (1 1 1) × Unknown → PRM (1 0 0)	[7] × Unknown → [4]	No
M. 'Eleyi'	M. halliana → M. × atrosanguinea → M. 'Eleyi'; M. sieboldii; M. pumila var. neidzwetzkyana	③	WRS (1 1 1) → Unknown → WRM (1 1 0); WRM (1 1 0); WRS (1 1 1)	[7] → Unknown → [6]; [6]; [7]	No
M. 'Flame'	M. pumila × Unknown → M. 'Flame'	②	WRS (1 1 1) × Unknown → WRM (1 1 0)	[7] × Unknown → [6]	No
M. 'Golden Hornet'	M. mandshurica × M. sieboldii → M. 'Golden Hornet'	③	WRS (1 1 1) × WRM (1 1 0) → WRM (1 1 0)	[7] × [6] → [6]	No
M. 'Gorgeous'	M. halliana × M. sieboldii → M. 'Gorgeous'	②	WRS (1 1 1) × WRM (1 1 0) → PRS (1 0 1)	[7] × [6] → [5]	No
M. 'Hillier'	M. floribunda × M. prunifolia → M. 'Hillier'	③	WRS (1 1 1) × WRS (1 1 1) → WRS (1 1 1)	[7] × [7] → [7]	No
M. 'Hopa'	M. baccata × M. pumila var. neidzwetzkyana → M. 'Hopa'	②	WRS (1 1 1) × WRS (1 1 1) → WRM (1 1 0)	[7] × [7] → [6]	No
M. 'Lisa'	M. ioensis × Unknown → M. 'Lisa'	②	WRS (1 1 1) × Unknown → WRM (1 1 0)	[7] × Unknown → [6]	No

续表

杂交子代	杂交路线	参考文献	外壁纹饰类型演化趋势	外壁纹饰规则性得分	子代规则性高于亲本?
M. 'Liset'	M. halliana → M. × atrosanguinea; M. sieboldii → 'Lemoinei' → M. Purpurea; M. pumila var. neidzwetzkyana → 'Lemoinei' → M. 'Liset'; M. sieboldii	②	WRS(111) → Unknown → Unknown → PRS(101); WRM(110) → WRS(111); WRM(110)	[7]; [6] → Unknown → [7] → [6] → Unknown → [5]	No
M. 'Makamik'	M. pumila var. neidzwetzkyana × Unknown → M. 'Makamik'	②	WRS(111) × Unknown → WRS(111)	[7] × Unknown → [7]	No
M. 'Mary Potter'	M. halliana → M. × atrosanguinea; M. sieboldii → M. sargentii 'Rosea'; → M. 'Mary Potter'	②	WRS(111) → Unknown → WRM(110); WRM(110) → Unknown	[7] → Unknown → [6]; [6] → Unknown	No
M. 'Prairie Rose'	M. ioensis × Unknown → M. 'Prairie Rose'	②	WRS(111) × Unknown → WRS(111)	[7] × Unknown → [7]	No
M. 'Professor Sprenger'	M. mandshurica × M. sieboldii → M. 'Professor Sprenger'	③	WRS(111) × WRM(110) → WRS(111)	[7] × [6] → [7]	No
M. 'Profusion'	M. halliana → M. × atrosanguinea; M. sieboldii → 'Lemoinei' → M. purpurea; M. pumila var. neidzwetzkyana → 'Lemoinei' → M. 'Profusion'; M. sieboldii	①	WRS(111) → Unknown → Unknown → PRS(101); WRM(110) → WRS(111); WRM(110)	[7] → Unknown → [7]; [6] → Unknown → [5]; [6]	No
M. 'Purple Prince'	M. halliana → M. × atrosanguinea; M. sieboldii → 'Lemoinei' → M. purpurea; M. pumila var. neidzwetzkyana → 'Lemoinei' → M. 'Liset' → M. 'Purple Prince'; M. sieboldii, M. 'Bluebeard'	③④	WRS(111) → Unknown → Unknown → PRS → PRM(100); WRM(110) → WRS(111); WRM(110) → (101); Unknown	[7] → Unknown → Unknown → [5] → [4]; [6] → [7]; [6] → [5]; Unknown	No
M. 'Radiant'	M. baccata → M. 'Hopa' → M. 'Radiant'; Unknown	①	WRS(111) → WRM(110) → WRM(110); WRS(111) → Unknown	[7] → [6]; [7] → [6]; Unknown	No
M. 'Red Jade'	M. floribunda → M. 'Exzellenz Thiel' → M. 'Red Jade'; M. prunifolia 'Pendula'; Unknown	①	WRS(111) → Unknown → WRS(111); Unknown	[7] → Unknown → Unknown; Unknown → [7]	No

续表

杂交子代	杂交路线	参考文献	外壁纹饰类型演化趋势	外壁纹饰规则性得分	子代规则性高于亲本?
M. 'Red Splendor'	M. baccata → M. 'Red Silver' → M. 'Red Splendor' ⌉ M. pumila var. neidzwetzkyana → Unknown ⌋	①	WRS (1 1 1) → Unknown → WRS (1 1 1) ⌉ WRS (1 1 1) → Unknown ⌋	[7] → Unknown → [7] ⌉ [7] → Unknown ⌋	No
M. 'Robinson'	M. baccata × M. pumila → M. 'Robinson'	③	WRS (1 1 1) × WRS (1 1 1) → WRM (1 1 0)	[7] × [7] → [6]	No
M. 'Royalty'	M. baccata → M. 'Rudolph' → M. 'Royalty' ⌉ Unknown ⌋	①	WRS (1 1 1) → WRS (1 1 1) → IR (0 0 0) ⌉ Unknown ⌋	[7] → [7] → [0] ⌉ Unknown ⌋	No
M. 'Rudolph'	M. baccata × Unknown → M. 'Rudolph'	①	WRS (1 1 1) × Unknown → WRS (1 1 1)	[7] × Unknown → [7]	No
M. 'Sparkler'	M. baccata → M. 'Hopa' → M. 'Sparkler' ⌉ M. pumila var. neidzwetzkyana → Unknown ⌋	②	WRS (1 1 1) → WRM (1 1 0) → WRM (1 1 0) ⌉ WRS (1 1 1) → Unknown ⌋	[7] → [6] → [6] ⌉ [7] → Unknown ⌋	No
M. 'Spring Snow'	M. robusta → M. 'Dolgo' → M. 'Spring Snow' ⌉ Unknown ⌋	①	WRS (1 1 1) → PRM (1 0 0) → WRS (1 1 1) ⌉ Unknown ⌋	[7] → [4] → [7] ⌉ Unknown ⌋	No
M. 'Van Eseltine'	M. baccata ⌉ M. floribunda ⌋ → M. ×'arnoldiana' → M. 'Van Eseltine' ; M. spectabilis	①	WRS (1 1 1) → Unknown → PRM (1 0 0) ⌉ WRS (1 1 1) → WRS (1 1 1) ⌋	[7] → Unknown → [4] ⌉ [7] → [7] ⌋	No
M. 'Winter Gold'	M. zumi → M. 'Winter Gold' ⌉ Unknown ⌋	①	WRS (1 1 1) → WRM (1 1 0) ⌉ Unknown ⌋	[7] → [6] ⌉ Unknown ⌋	No
M. zumi 'Calocarpa'	M. mandshurica × M. sieboldii → M. zumi 'Calocarpa'	④	WRS (1 1 1) × WRM (1 1 0) → PRM (1 0 0)	[7] × [6] → [4]	No

注：WRS，整体单一规则型，Wholly Regular Single-pattern Type；WRM，整体非单一规则型，Wholly Regular Multi-pattern Type；PRS，局部单一规则型，Partially Regular Single-pattern Type；PRM，局部非单一规则型，Partially Regular Multi-pattern Type；IR，不规则型，Irregular Type。

① FIALA J L, 1994. Flowering Crabapples: the Genus Malus[M]. Portland:Timber Press, 106-273.
② JEFFERSON R M, 1970. History, Progeny, and Locations of Crabapples of Documented Authentic Origin[M]. Maryland:Agricultural Research Service U.S. Department of Agriculture, 8-83.
③ 郑杨, 曲晓玲, 郭翎, 等, 2008. 观赏海棠资源谱系分析及育种研究进展[J]. 山东农业大学学报（自然科学版）, 39（1）: 152-160.
④ 郭翎, 周世良, 张佐双, 等, 2009. 苹果属种, 杂交种及品种之间关系的AFLP分析[J]. 林业科学, 45（4）: 33-40.

附表 4　垂丝海棠花粉发育术语缩略词

英文缩写	英文名称	中文名称
AW	Anther wall	花药壁
Ca	Callose	胼胝质
Chr	Chromosome	染色质
CW	Callose wall	胼胝质壁
D	Dictyosome	高尔基体
En	Endothecium	药室内壁
EP	Epidermis	表皮
ER	Endoplasmic reticulum	内质网
M	Mitochondrium	线粒体
L	Lipid body	脂体
ML	Middle layer	中层
Ms	Microspore	小孢子
N	Nucleus	核
NU	Nucleous	核仁
P	Plastid	质体
Pla	Plasmodium	胞质团
R	Ribosome	核糖体
S	Starch grain	淀粉粒
S-RER	Stacked endoplasmic reticulum	堆叠内质网
T	Tapetum	绒毡层
Te	Tetrad	四分体
V	Vacuble	液泡
Ve	Vesicle	小泡